煤层气地震非线性预测方法与应用研究

Seismic Nonlinear Prediction Method and Application of Coalbed Methane Reservoir

李　琼　何建军　等著

科学出版社

北　京

内 容 简 介

煤层气是一种重要的非常规油气资源，资源量大；煤层气气藏属于典型的“自生自储”型气藏，其独特而复杂的储层性质和成藏机理导致勘探开发困难，因而煤层气的勘探与开发仍是世界性难题。从地球物理角度看，这些难题是目前对煤层气储层复杂的地震波传播规律认识不清造成的。本书以岩石物理学和地震波传播理论为指导，通过对试验区煤层气有利区带储层岩石物理参数测试，分析煤层气储层岩石物理参数之间的关系，总结出煤层气储层条件下的岩石物理特征，为岩石物理模型、波场特征分析及地震反演和煤层气预测提供基础实验数据和依据。煤岩显微结构和岩石物理研究表明，煤岩具有强的各向异性和非线性特征，针对复杂多变的煤层气储层预测问题，将动力学非线性科学理论引入和应用于储层预测与评价之中，创建了新型的煤层气储层预测理论和方法技术。

本书可供从事岩石物理和煤层气勘探开发领域人员参考，也可供相关专业的高校研究生和高年级本科生参考。

图书在版编目(CIP)数据

煤层气地震非线性预测方法与应用研究 / 李琼等著. —北京：科学出版社，2016.12

ISBN 978-7-03-050877-5

Ⅰ.①煤…　Ⅱ.①李…　Ⅲ.①煤层-地下气化煤气-地震勘探-研究
Ⅳ.①P618.110.8

中国版本图书馆 CIP 数据核字（2016）第 290833 号

责任编辑：杨　岭　黄　桥 / 责任校对：韩雨舟
责任印制：罗　科 / 封面设计：墨创文化

科学出版社出版

北京东黄城根北街16号
邮政编码：100717
http://www.sciencep.com

成都锦瑞印刷有限责任公司印刷

科学出版社发行　各地新华书店经销

*

2016年12月第　一　版　　开本：787×1092　1/16
2016年12月第一次印刷　　印张：8 3/4
字数：220 千字

定价：89.00 元

（如有印装质量问题，我社负责调换）

前　　言

《煤层气地震非线性预测方法与应用研究》(*Seismic Nonlinear Prediction Method and Application of Coalbed Methane Reservoir*)一书是在国家自然科学基金(编号：41274129)、国家科技重大专项专题(2008ZX05035-001-006HZ，2011ZX05035-005-003HZ)联合资助下完成的，书中的主要内容、研究进展是作者及其研究团队近年来在基础理论研究和实践过程中获得的成果和新认识。

煤层气地震非线性预测方法针对煤层气储层具有双重孔隙结构、高吸附性等特点，以岩石物理学和地震波传播理论为指导，联合应用动力学非线性科学理论和方法，通过对试验区煤层气有利区带储层岩石物理参数测试，分析煤层气储层岩石物理参数之间的关系，总结出煤层气储层条件下的岩石物理特征，为岩石物理模型、实际模型的数值模拟和波场特征分析提供基础实验数据和依据。在此基础上优选地震预测方法对煤层气富集区开展地震预测方法与应用研究。

本书以现有实验技术为基础，分别于2010年和2014年对沁水盆地和顺地区的煤矿进行了实际野外踏勘，获取了相关地质资料，并在井下采集煤岩样和顶、底板样进行岩石物理参数测试及分析研究。获得了典型煤岩样和顶、底板样超声波实验测试数据以及显微组分、镜质组平均最大反射率及孔隙显微结构特征；分析地层条件下煤岩岩石物理参数的变化规律和相关关系。从煤岩样采集、煤岩样制备到测试技术与数据处理，形成了一套针对煤储层在地层条件下的煤岩测试分析技术。

岩石物理测试与分析是地球探测、地球物理研究必需的重要基础数据资料，是联系地质、地球物理和油藏工程的纽带与桥梁，可以有效地消除地震解释与反演结果的多解性，是促进地震解释和反演结果由定性到半定量并发展到定量的基础。煤层气储层预测方法与技术的发展必将是储层预测非线性化、深入储层内部结构分析的微观化及储层预测与评价的定量化等。非线性科学理论的应用与发展开创了有广阔前景的煤层气储层预测的新途径。

研究工作主要由作者及其所指导的研究生完成。煤岩岩石物理测试是在成都理工大学“油气藏地质及开发工程”国家重点实验室的地层条件岩石物理实验室完成测试工作的，实验室单钰铭教授参与了岩石物理测试工作，在此表示衷心的感谢；同时感谢曹均教授在岩石物理测试与分析中的工作贡献。研究生张刘、黄涵、杨超杰等参与了野外试样采集及测试样品加工、部分实验室测试工作及数据分析处理，研究生陈杰在数据分析及文献调研方面作了大量工作，他们的工作对本书的出版具有积极作用。同时本书作者向所有参考文献的作者表示感谢。

全书共分8章，内容由浅入深，在讲授基本理论和方法的同时，着重体现学科前沿的最新发展动态，力求全面系统涵盖该领域的基本内容，本书较为系统地阐述了煤岩地震岩石物理实验研究成果和非线性科学的基本理论、基本方法和相关应用。采用实例分析方法，使专业应用在内容、方法上更加具体化。通过该方法技术应用研究，实现煤层气富集区的预测。

由于作者水平有限，书中难免存在不妥之处，希望读者批评指正。

作者

2016 年 6 月

目　录

第1章　绪　　论

1.1　概　述

近年来我国面临更为严峻的石油及常规天然气紧缺的现状，必须寻找非常规天然气来补充和代替常规天然气。中国煤层气资源量大，煤层气资源丰富，埋深2000m以浅的煤层气资源量达到$36.8\times10^{12}m^3$，是世界第三大煤层气储藏国(李景明等，2008)，煤层气将作为新的能源展现于世界。但是煤层气储层等非常规油气藏的勘探与开发是世界性难题，这些难题归根结底就是对复杂介质中的地震波传播规律认识不清，二是基于理论认识的针对煤层气藏特征的储层地球物理方法研究。

同时，煤层气储层也是今后重要的勘探领域之一，煤层气是21世纪众多新能源中炙手可热的焦点，目前已在美国、加拿大、澳大利亚实现了大规模商业性开发。与国外的研究水平相比，我国煤层气储层的研究起步比较晚。我国对煤层气的早期研究主要集中在煤层气的勘探，以及钻井、完井、排采等方面，但是对煤储层特征的研究相对落后，很难满足国家大型煤层气资源开发的需求(汤达祯等，2014)。总的说来，我国煤层气储层的勘探近年来已有重大突破，相关的地震、地质理论与方法也正在形成中。比较而言，煤层气储层的地质研究开始比较早，相关的理论方法比较成熟。地球物理方法的研究起步较地质研究晚，且早期针对二维地震资料开展的研究效果不明显。近几年随着三维地震技术的提高和普及，我们已能从三维地震资料中进行比较可靠的煤层气储层地震研究，但相关的研究还有待进一步深入，特别是地震岩石物理方面的研究更是刚刚开始，离定量解释的要求还有很大差距。

在石油天然气的勘探开发中，地震勘探获取的资料以地震波传播信号的旅行时间、反射波振幅及相位变化等特征形式带来了地下岩石和流体的信息，这些地震响应特征受到岩石性质、地层压力、温度、孔隙度、流体类型及其饱和度等诸多因素的复杂影响。充分理解地下岩石对地震波场的响应特征，准确识别这些响应特征中所包含的不同信息，进而根据地震属性参数预测地层岩性等地质性质，为油气检测、储量计算和油藏监测提供参考数据，已经成为石油地球物理勘探的热点问题和发展方向。所以，作为地震岩性分析理论基础的地震岩石物理学(seismic rock physics)，多年来在弄清岩石及其所含流体的性质与地震属性参数之间关系方面开展了全面深入的研究，并形成了一整套基于岩石弹性、黏弹性和各向异性等物理特性的系统理论、介质模型和经验准则。地震岩石物理学是地球物理技术研究的理论基础之一，是连接储层特性(孔隙度、渗透率、饱和度)与地球物理勘探技术的桥梁，长期以来岩石物理学的发展成功地推动了地球物理勘探技术的进步，并为油气藏地球物理特征、地震岩性识别、储层预测、油气检测、异常压力预非常规能源的勘探开发提供了重要的理论基础和实验数据，指明了技术发展方向。煤层气高吸附、双重孔隙结构等特点，加强煤层气岩石物理和煤层气地震响应特征的研究，可以提高对煤层气藏规律和基本地球物理特征的认识，为煤层气探勘开发方面的技术进步奠定理论基础，具有现实意义。

目前主要技术难点和问题是：

(1)煤层气以吸附气为主的存储状态，给现有岩石物理测试技术带来了难度。获得第一手实验数据就尤为重要，需要形成针对煤岩样的样品采集、加工、测试和数据处理的整套技术。岩石物理学基础研究是地震处理和解释技术中的关键一环，它是连接测井、地质和地震之间的桥梁，如何将岩石物理—测井—地质—地震相互结合是一个难点，有了它才能把各种地震数据准确地转换成为岩性、物性、含气性等有用的地质信息。

(2)目前针对煤层中煤裂隙预测的研究还不全面，缺乏将其宏观、微观特征相结合的综合研究，煤层气储层裂缝地震响应模式描述的难题尚未解决。因此，在将来的工作中，拟对这些问题进行进一步的研究。

(3)如何用地震方法反演获得煤层气储层地震渗透性特征，进而预测煤层气富集区也是一个难点。

总之，通过实验测试手段，着力发现和认识煤层气与地震信息之间的关系，运用岩石物理方法技术，研究岩石物理特征和地震响应特征，量化地震与测井解释、限定不确定性、减少解释的风险，提供岩石物理基础支撑。促进煤层气储层地震解释、反演计算等向定量化发展，加快煤层气储层勘探开发的前进步伐。

1.2 煤层气储层地震岩石物理及地震预测技术研究现状

1.2.1 煤层气储层地震岩石物理发展现状

岩石物理学是研究岩石物理性质及相互关系和应用的学科。岩石物理学是地球物理学的一个重要分支及其组成部分。重点研究与地质学、地球物理学、地球化学、油储地球物理学、地热学和环境科学密切相关的基本岩石属性和响应特征，为上述各地学学科分支研究中可能遇到的不确定性或多解性提供定量或半定量解释、标定的物质基础。在过去的几十年里，岩石物理学对现代地球科学的发展和应用做出了不可磨灭的贡献。例如，通过研究地震波在岩石中的传播特性，人们发现岩石圈内存在部分熔融和低速带现象；而对孔隙性岩石的导电机理和弹性波速度的研究导致了油储地球物理的诞生。

但是，由于煤层气勘探起步晚，基础理论和技术方法研究工作较为薄弱，国内对煤层气储层岩石物理的研究经历了一个不断深化和发展的过程。煤层气储层等非常规油气藏与常规储层相比更加复杂，现代油气勘探工作正面临着勘探目标越来越复杂及对勘探精度的要求越来越高等难题，基于地震岩石物理研究可以帮助我们充分了解复杂介质中地震波传播规律，解决现代非常规油气勘探和开发工作中所面临的各种棘手问题。但是，煤层气高吸附、双重孔隙结构等特点不同于常规油气储层，地震岩石物理的研究才刚刚起步，存在许多待解科学问题，需要进行深入的技术方法的研究和理论的探讨。

岩石在地球上存在时间久远，因而它的复杂性和多样性是地球上的其他介质所
相比的，要想彻底探究岩石的内在性质，必须将反映岩石性质各方面的参数，如弹性
数(杨氏模量、剪切模量、体积模量、泊松比等)、物性参数(密度、孔隙度、渗透率)、储集空间类型参数(裂隙、孔隙等)及流体类型(油、气、水)相结合进行系统分析，找出它们之间的内在规律，岩石物理学这一学科就是为了寻找这一规律而诞生的。通过在实验室进行岩石物理模拟实验，将所要研究储层的岩石的地球物理参数(速度、振幅、频率等)与它的岩石物性参数(密度、孔隙度、渗透率等)进行相关分析(陈颙和黄庭芳，2001)，斯坦福大学著名岩石物理学家 Mavko 对地震岩石物理学的定义是：运用岩石物理的方法将地震信号中的属性(如速度、波阻抗、衰减等)与岩石的特征性质参数(如密度、孔隙度、压力、孔隙流体、饱和度等)进行相关分析研究，使地震资料能与地质资料相辅相成，提高解释的准确性和一致性，降低地震资料解释潜在的风险。这在常规与非常规油气储层预测过程中是极其重要的，基于岩石物理的研究可以极大地降低地震资料在油气藏储层预测中的不确定性和风险性。

煤是由埋藏在地下的植物遗体等经过几百万年的成岩作用形成的一种炭质岩石，随着地层温压条件的变化，煤的化学性质和物理结构也发生相应的变化(彭苏萍等，2014a)。煤阶是由煤化的程度决定的，一般来说，褐煤、亚烟煤属于低阶煤，烟煤属于中阶煤，半无烟煤、无烟煤属于高阶煤。煤层气大部分是由于煤层中的有机质被微生物分解而产生的，煤相对其他岩石而言，其质地较软，因而从煤中取芯和制样是一个很困难的过程，但是随着煤层气逐渐成为新能源的宠儿，通过运用地震岩石物理的方法获取煤层的相关地震属性参数来研究煤层气的富集区，已经成为国内外研究的热点之一。在利用地球物理方法对煤层气储层进行评价时，岩石物理是不可或缺的基础，它在储层特性(孔隙度、密度、饱和度、流体类型、压力、温度等)和地震属性(速度、阻抗、振幅、AVO 响应等)相互转换之间起着桥梁的作用。

在过去的 30 年中，许多地球物理学者和石油工程师对煤岩的岩石物理性质进行了研究。Greenhalgh 和 Emerson(1986)在大气压条件下对 143 个平行和垂直于煤层层面的岩心进行了纵横波速度的测量。Yu 等(1993)分析了干燥和饱和水煤岩样品声波速度随围压的变化。Lwin(2011)研究了煤层中不同气体填充对声波速度的影响。Chen 等(2013)总结了煤层气含量与弹性性质之间的负相关关系，为煤层气 AVO 技术提供了岩石物理基础。Wu 等(2015)对煤岩动态弹性参数及其各向异性特征进行了实验测试研究。Wang 等(2015)提出了不同煤岩的裂缝密度、纵波速度、孔隙度和渗透率之间的定量关系。Yao 和 Han(2008)对煤岩样进行超声波测量，并从压力、温度、含水饱和度、各向异性等几个方面来讨论分析其对煤岩样速度的影响。Morcote 等(2010)研究发现煤岩样的煤阶越高，其体积模量和剪切模量也随之增大，纵横波速度比却与煤阶成反比关系。Dirgantara 等(2011)对不同煤阶的煤岩样进行测量，发现煤岩样的煤阶越高，其纵波和横波速度都会随之增大。

在国内，孟召平等(2006)对煤系岩石的纵横波速度进行了测量，并以此计算了煤系岩石的动弹性模量，在煤系岩石的声波速度与岩石物理力学参数之间建立了定量关系。

2008)测量沿煤层三个方向的纵横波速度来计算煤的各向异性系数，从孔隙率入行研究探讨，认为煤各向异性由裂隙引起。2010 年李琼、曹均、单钰铭等在国内首对煤岩进行地层条件下系统岩石物理测试，建立了一套完整的煤岩岩石物理实验技术。陈信平等(2013)通过大量实验数据研究发现煤层气储层含气量与其弹性参数之间存在负相关关系。李琼等(2013)通过应用 MTS 岩石物理参数测试系统对沁水盆地和顺地区煤岩样和顶板样进行了地层温压条件下的纵横波速度等参数测试研究，研究发现煤岩样与顶板样的弹性特征存在较大差异，并具有明显的各向异性和非线性特征，获得了一系列岩石物理关系模型，为煤层气地震反演技术提供了基础。

上述国内外学者在煤层岩石物理这一研究领域做出了较多贡献，研究成果颇丰，但是在煤层气储层非线性地震特征研究、煤层裂隙预测、高渗区和煤层气富集区预测上仍然还存在相当大的困难，这也是地震岩石物理在煤层气领域研究的一个难点。

1. 模拟地层温压条件的测试技术

模拟原位环境进行岩石样本测试为煤层气地球物理勘探技术研究提供了必要的基础研究手段。岩石物理测试是岩石物理研究基础性资料的来源，岩石样本在进行岩石物理测试时，可分为常温常压和高温高压(模拟地层的实际条件)两种测试方式，只有在高温高压条件下得到的岩石物理基本数据，才是接近于原位环境的，对地球物理基础理论研究更为重要。

模拟地层条件下的实验测试方法技术主要有 3 种：通过测量超声波脉冲从样品一端到另外一端的旅行时和样品长度的方法确定超声波速度的脉冲传输法(Birch，1960)，也就是常说的脉冲透射法；也有通过测量第一个波和第二个波的反射时间的方法确定超声波速度的脉冲反射法。20 世纪 80 年代中国科学院声学研究所的应崇福领导的课题小组，用动态光弹法进行了固体中超声波传播和散射声场的研究工作，动态光弹物理模拟法是用光学成像方法直接显示弹性波在介质中的波场分布，与常用的声波传感器电信号测试方法相比较，它能够更直观地观测波的传播过程，同时，动态光弹物理模拟法可以测试超声波速度，但该方法要求样品透明，在实际应用中受到限制。因此目前，地震岩石物理测试技术多采用脉冲传输法。

2. 地震波传播理论

岩石物理学家面对复杂多变的岩性地层，一直开展新的岩石物理模型研究和理论探索。煤层气在煤层中赋存的状态和流动机理与常规储层不同，煤层气的开采过程是一个流体渗流与多孔介质弹塑性变形动态耦合作用极强的过程。Gassmann(1951)建立了反映速度和孔隙度以及孔隙流体模量体系的著名 Gassmann 方程；White(1965)将 Gassmann 公式作适当的变换，获得具有液体、气体影响的纵、横波速度表达式；Berryman 和 Milton(1991)提出了等效介质模型，推导了岩石骨架由两个成分所组成的复合孔隙介质的广义 Gassmann 方程的精确解，描述了双相孔隙介质的波传播过程。Biot(1956)根据潮湿土壤的电位特性和声学中声波的吸收特性，发展了 Gassmann 的流体饱和多孔隙双相介质理论，奠定了双相介质波动理论的基础。从这以后，流固耦合理论的发展主要围绕着假设不同的孔隙材料的模式得到不同的物理方程而展开：假设固体骨架为弹性的(各向同性与各向异性)、塑性的、黏弹性的(线性与非线性的以及它们之间的各种组合)，孔隙流体假设为不可压缩的与可压缩的等等。Mavko 等(1998)提出高频的 Biot 理论在渗透率非常高的介质中适用。Biot 流动描述的是宏观现象，喷射流机制反映的是局部特征，两种机制通过流体的质量守衡而统一，对地震波的衰减和频散均产生重要影响。Dvorkin 和 Nur(1993)、Dvorkin 等(1994)基于孔隙各向同性一维问题将这两种流体-固体相互作用的力学机制有机地结合起来，提出了统一的 Biot-Squirt(BISQ)模型。从理论上极大地丰富了饱和岩石介质的弹性波传播理论。Parra(1997)将 Dvorkin 等基于一维各向同性的 BISQ 模型推广到横向各向同性的双相介质情况，获得了同时包含 Biot 流动作用和喷射流作用的波传播方程。杨顶辉等在其 1997～2002 年的系列文章中，对双相各向异性介质进行了深入研究，考虑双相各向异性介质中固-流相对运动速度的各向异性，将含流体多孔介质的 BISQ 模型用于预测波的衰减和频散，同时利用有限元方法对双相 PTL 介质和双相各向同性介质中的弹性波传播进行了数值模拟。

3. 孔隙、裂缝系统研究

作为煤层气储集层的煤层是一种双孔隙岩石，由基质孔隙和裂隙组成。所谓裂隙是指煤中自然形成的裂缝，由这些裂缝围限的基质块内的微孔隙称基质孔隙。裂隙对煤层气的运移和产出起决定作用，基质孔隙主要影响煤层气的赋存(苏现波，1998)。

假设连续介质中均匀地随机分布着沿不同方向排布的圆球形孔隙或者椭球形裂隙，推出等效介质的弹性模量表达式，即 Kuster-Toksöz 理论模型(1974)。Eshelby(1957)给出了含有单个椭圆包裹体的基质的弹性模量表达式，Wu(1966)利用自洽理论给出了两相介质的有效弹性模量的计算方法。其他还有自洽模型(O'connell and Budiansky，1974；Budiansky and O'connell，1976；Berryman，1980，1995)，和常微分自洽模型(Berryman，1992)。

Aguilera(1976)提出了一种能够处理基岩孔隙和裂缝孔隙的双孔隙度模型，在 2003 年，提出了适用于基岩孔隙、裂缝和不连通孔洞构成的三孔隙度模型(Aguilera，2003)。

煤储层是由基质孔隙和割理组成的，可以简化为双重介质模型。有学者也提出了由宏观裂隙、显微裂隙、孔隙组成的三元裂隙-孔隙介质模型(傅雪海，2001)。

Schmoker(1988)在研究碳酸盐岩孔隙度区域预测时提出碳酸盐岩孔隙度与 R_o 间为乘方关系，赵阳(2003)提出了 R_o 与砂岩孔隙度间幂函数关系模型来预测沾化凹陷沙河街组四段烃源层的孔隙度。

4. 各向异性研究

地震学家对地震波在各向异性介质中的传播现象进行观测，研究和总结了地震波传播规律和机理。特别是 Crampin 等(1980)首次从三分量记录中识别出横波分裂现象，并在 1981 年、1985 年证实了裂隙诱导各向异性和横波分裂的存在，提出了广泛扩容各向异性(简称 EDA)模型。Thomsen(1986)的论文定义了弱各向异性，引入一套 Thomsen 各向异性参数；Tsvankin(1997)定义了 2 个垂直速度和 7 个各向异性参数。Wang(2002)描述了测量单个圆柱岩样横向各向异性(TI)介质必须的 5 种弹性常数的技术。Liu 等

(2000)讨论了确定平行裂缝和排列整齐的裂隙对地震波传播的影响程度的各种方法。Hudson 等(2001)计算整齐排列裂缝、流体饱和介质的 V_P、V_S 的各种等效介质理论。Maultzsch 等(2003)提出了一种新的等效介质理论来模拟频变各向异性流体饱和岩石模型，并与裂缝长度密切相关，该模型考虑了两种不同尺度下的基于喷射流机制的速度频散和衰减：基质颗粒尺度(微裂隙和等效基质孔隙度)和地层尺度裂缝。用该模型研究致密砂岩油藏的多分量 VSP 的横波分裂。

煤层不同于常规储层，煤层的天然裂缝(割理)发育，煤层的裂缝扩张呈现出大量的不规则裂缝；煤岩在垂直层理方向上和平行层理方向上的物理力学性质差异较大，煤岩样中定向排列的裂隙产生明显的速度各向异性、横波分裂和衰减各向异性；同时还发现 P 波的动力学特征变化比运动学特征更明显，P 波衰减随裂隙方位的变化明显大于 S 波。这为利用 P 波属性的变化进行裂隙检测和预测提供可靠实验依据(赵群和郝守玲，2005)。我们前期研究形成了从定比观测理论、定向裂缝模型、孔洞模型到多种缝洞模型的研究系列，深入研究了系列物理模型的地震响应特征。分析了多种环境下缝洞特征参数与地震波速度、振幅、衰减和主频等属性参数之间的复杂关系和变化规律。得出了不同地震波属性参数对缝洞特征检测的敏感度，进一步加深了地震波的动力学参数比运动学参数对于储层缝洞的检测更为有效的认识。

1.2.2　煤层气富集区地震预测技术研究现状

高丰度煤层气富集区(甜点区)是指煤层埋藏深度适中、厚度较大、热演化程度合适、含气量相对较高、孔渗性相对较好、单井产量高且稳产的煤层气富集区带。寻找和优选煤层气富集的“甜点”区带，对于煤层气开发井位的部署和优化、提高煤层气井产量、促进煤层气藏的有效开发都具有现实的经济价值。在实际的煤层气勘探中，不同地质因素对煤层气富集的影响程度不同，由单一地质因素预测的煤层气富集区，具有一定的局限性，需要综合多种地球物理方法对煤层气藏进行综合评价，提高预测精度：多种属性联合进行精细构造解释、AVO 反演预测裂缝发育特征、多种反演方法相结合预测煤层厚度特征、叠前反演预测煤层含气性和脆性特征，综合优选各种预测结果确定煤层气“甜点区”(霍丽娜等，2014；彭苏萍等，2014b；陈贵武等，2014)。

地球物理技术的应用能提高煤层气预测的精度，特别是地震勘探技术在精细构造解释、煤层厚度、顶底板岩性及分布、夹矸、小断层、裂缝发育带等预测方面有着重要作用；在煤层渗透性和含气性研究方面，一些物探手段和方法已经显示出明显的效果。Ramos 和 Davis(1997)首次将 AVO 技术应用于煤层气勘探中，对煤层气储层裂隙进行了 AVO 分析和模拟，描述了裂隙性煤层气储层的特征。Peng 等(2006)分析了煤层气 AVO 技术的三种限制因素和四种有利因素。Chen 等(2013)讨论了煤层气储层弹性参数与含气量之间的负相关关系，建立了煤层气 AVO 技术的岩石物理基础。Chen 等(2014)研究了煤层气 AVO 理论，模拟得到了煤层气的 AVO 响应特征，结果表明煤层气 AVO 异常有且仅有“第四类”AVO 异常，叠前反演得到的 ρ 和 μ 可以作为圈定“甜点”的敏感参数。方位 AVO 技术是研究煤层裂隙发育的一种有效手段，也是煤层气探测的一项重要技术(林庆西，2015)。但由于目前煤层气田地震资料的局限性，对煤储层的割理系统和含气以后的地球物理特征尚没有全面的认识；针对煤层气储层的非均质性，地球物理预测技术体系尚未建立；在煤储层含气性预测方面，现有地球物理技术难以直接识别，多解性强，综合评价技术正处于起步阶段。

地震反演技术是伴随着地震技术在油气田勘探与开发中的不断深入应用，于20世纪80年代发展起来的一门新学科，并逐渐成为储层预测的核心技术。近几年，随着岩性油气藏勘探的广泛开展，地震反演技术得到了长足的发展，新技术、新方法层出不穷，在生产实践中发挥着越来越重要的作用。20世纪80年代发展了基于递推的反演，上世纪90年代出现了基于模型的反演，近年来又发展了基于属性的反演。反演方法也由线性反演发展到了非线性反演，极大地提高了反演的精度和分辨率。为了提高波阻抗反演的分辨率和准确性，很多地球物理工作者为此做了大量的研究工作，如D. W. Oldengurg和Colin Walker的最大熵(MED)及自回归(AR)方法；B. Ursin和O. Holberg的最大似然反褶积(MLD)方法；Marc Lavielh的贝叶斯估计反褶积(BED)方法；D. A. Cooke和W. A. Schneider的广义线性反演(GLI)方法等，都取得了很好的效果。这方面有代表性的工业化软件是美国Landmark公司的G-log。从20世纪80年代中后期，相继出现了有井约束的宽带约束反演(BCI)技术和各种优化算法。这方面具有代表性的论文如：周竹生的宽带约束反演；S. Gluck的地层反演方法；D. Carron和E. P. Schlumberger的井中和地面的井控地层反演；T. Brae的利用地层模型解释先验信息进行反演；R. D. Martinez的多参数约束反演方法。以上方法都从不同的角度和计算方法上提高了波阻抗反演的分辨率，降低了多解性，具有代表性的软件有Seislog、Parm、Strata、CCFY、I-SIS、Jason等，并且正在世界各地油气田的勘探开发生产过程中发挥着重要作用。

在非线性反演方面，1999年British Columabia大学的Ulrych教授、杨文采(1993)及张向君等(1999)讨论了地震道的混沌特性和混沌控制反演方法。李正文和李琼(1999)以及安鸿伟博士(2002)通过改变网络参数，选择更加合适的奇怪吸引子构成混沌神经网络反演方法。用混沌神经网络法进行反演，获得了全局最优。在非线性处理方法技术方面发展了非线性信号分析理论和处理技术。基于混沌理论和突变理论及分形理论，应用非线性时间序列相空间重构方法，从地震道中提取了Lyapunov指数、分维数和突变参数等多种参数，联合其他属性参数进行储层岩性反演和储层评价。

因此，只有继续深入开展煤层气地球物理技术的应用研究，从煤储层实验室岩石物理测试、测井资料、地震、地质资料入手，认真分析煤储层含气性、内部结构特征、渗透性等关键参数在测井、地震资料上的综合响应特征，寻找一套适合煤层气勘探开发的低成本、高效率的地球物理勘探技术。

1.3 煤层气地震非线性预测方法与特色

基于岩石物理的“煤层气地震非线性预测与应用”对非常规油气检测具有重要意义和理论价值，其理论与方法技术使储层预测非线性、储层内部结构分析微观化与储层评价定量化。

煤层气地震非线性预测方法是将岩石物理学方法与地震非线性参数法和地震非线性反演方法以及富气聚集检测方法有机地相结合形成了煤层气综合预测的新方法和新技术，这是对煤层气勘探开发的一种新发展。

1.3.1　煤层气储层地震岩石物理学方法

与国外煤层气的勘探开发相比，我国煤层气的勘探开发具有自身的规律，主要储集在中高阶煤种，变质程度高，煤层构造复杂，渗透性低、压力低、含气饱和度低和地应力高“三低一高”现象突出。研究思路和技术路线流程图如图 1-1 所示。在研究过程中，主要从实验和理论入手，研究煤层气、煤岩与地球物理参数直接和间接的联系，由煤岩样典型样品的选择、采集与加工、储层条件下样品测试系统的建立、实验测试到实验测试结果的分析，最后归纳出储层条件下的煤层气储层的岩石物理参数之间的关系和特征。并充分考虑微观物理结构的改变对岩石物理参数的影响，研究煤层气储层显微结构、非均质性、渗透性等对地震波场响应特征的影响，分析煤层气储层各向异性对地震波的响应机理。通过选择有代表性的样品，设计合理的加工与实验程序，进行有代表性煤层气样本实验测量和内部结构特征分析，寻找内在的岩石物理变化规律，为建立针对煤层气储层特点的岩石物理模型提供实验基础和依据。

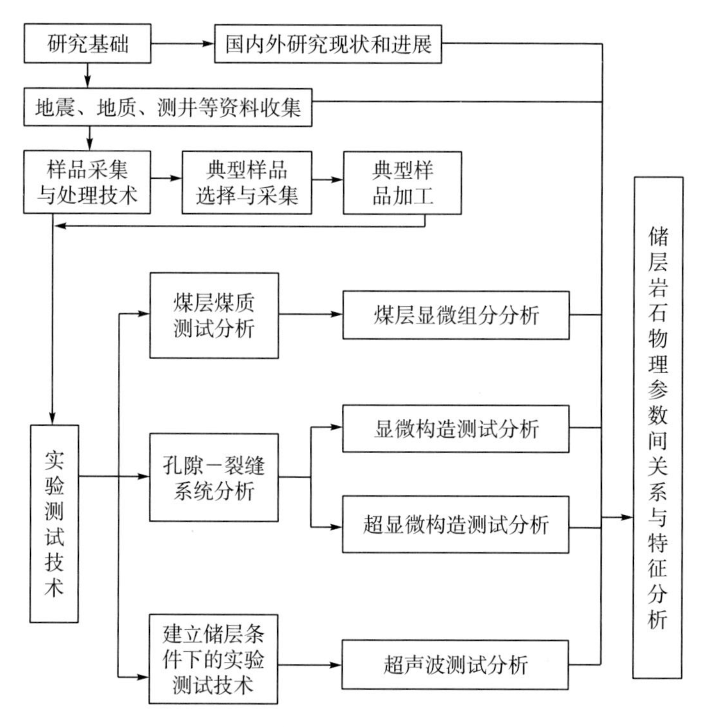

图 1-1　研究思路和技术路线流程图

1.3.2　基于地震岩石物理的地震非线性预测方法

基于煤层具有低速度、低密度、非均质、各向异性和非线性特征，针对这种非线性系统，将岩石物理学与非线性动力学相结合形成煤层气预测的岩石物理地震非线性预测理论和方法。基于这种理论，建立与发展了煤储层预测的方法技术，提高了煤层气勘探开发的效果。

1.3.3　煤层气富集区地震非线性预测方法与技术

以“岩石物理、钻井、测井等地质资料分析为控制—地震反演为基础—进行储层检测和渗透性分析”为研究主线。首先分析钻井、测井资料，获得目标层位煤层气储层的“四性”特征：岩性特征、电性特征、物性特征和含气特征，并通过测井曲线组合计算出反演所需要的基础属性曲线(如孔隙度、渗透率、纵横波速度、波阻抗等)，完成“单点”研究工作。以过井连井地震剖面进行参数提取与反演实验，获取合理反演流程与反演参数，以及波场参数与钻井成果对比分析工作，完成“线上”研究工作。最后对地震数据体进行波场参数提取、裂缝检测及高分辨率非线性反演，获取煤层气储层、顶底板的评价参数与渗透性特征，综合钻井、测井、测试成果对研究区煤层进行储层评价和有利区评价，从而完成“面上”研究工作。研究工作中采用“点－线－面相结合、钻井－测井－地震相结合”的研究思路，以确保研究成果的准确性和适用性。

第 2 章　采煤矿区地质特征

研究区位于沁水坳陷与太行山隆起的接壤部位，波状褶曲带的东部，如图 2-1 所示。区内构造简单，地层总体呈走向北东，倾向北西的单斜构造，地层倾角平缓，一般在 15°左右，区内发育宽缓的小规模褶皱，断层较发育，为正断层。通过对研究区野外探勘，其含煤地层主要为石炭系上统—二叠系下统太原组、二叠系下统山西组。

以沁水盆地和顺区块为具体目标区，和顺县地处沁水煤田东北部边缘，煤炭资源丰富，埋藏较浅，易于开发。我们于 2010 年现场勘查了 YY 煤矿、XDD 煤矿、CG 煤矿、ZB 煤矿、TC 煤矿，根据地质特征和与矿区的交流，把后四个矿区作为井下煤岩样采集点。我们于 2014 年又对该区选择了 10 个煤矿作为煤岩样采集点。

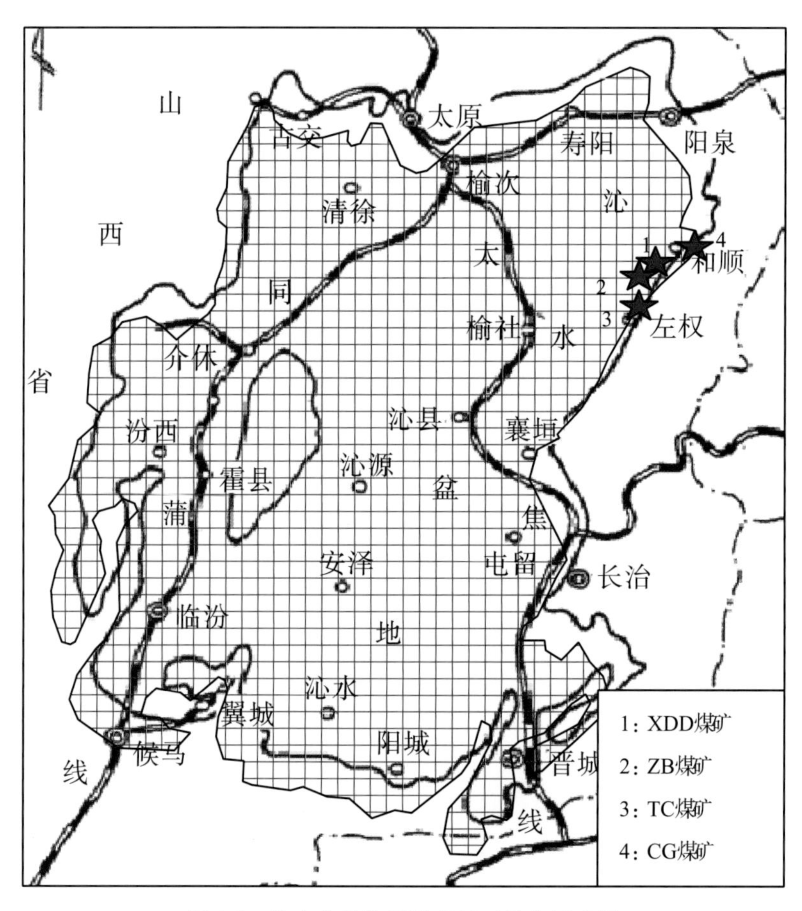

图 2-1　沁水盆地位置及现场工作点示意图

2.1　煤岩样采集点地质概况

2.1.1　TC 煤矿

1. 矿井位置与范围

TC 煤矿位于和顺县喂马乡古窑村附近，在和顺县城西南方约 13km 处。矿区面积为 17.91km^2。

2. 煤系地层地质特征

矿井范围内赋存的地层包括奥陶系中统峰峰组、石炭系上统本溪组、石炭系上统—二叠系下统太原组、二叠系下统山西组、二叠系中统下石盒子组、二叠系中统上石盒子组和第四系等，如图 2-2 所示。井田内主要含煤地层为太原组和山西组，分述如下：

(1)石炭系上统—二叠系下统太原组(C_2—P_1t)：本组与下伏本溪组呈整合接触，为海陆交互相沉积，岩性主要为深灰色泥岩、砂质泥岩、粗、中、细砂岩夹石灰岩及煤层。本组含煤 18 层和石灰岩 5 层(K_2、K_3、K_4、K_5、K_6)。其中 15 号煤层较稳定，全区可采，其他煤层均不稳定，为不可采煤层或局部可采煤层，全组厚度为 76.00～164.97m，平均为 140.33m。

(2)二叠系下统山西组(P_1s)：本组为一套陆相-过渡相含煤地层。主要岩性由细砂岩、粉砂岩、砂质泥岩、泥岩、炭质泥岩和煤层构成，该组底部为石英砂岩 K_7，它是山西组和下伏太原组的分界标志层。该组含煤 2～13 层，它们均为不稳定煤层，不可开采。该组平均厚度为 13.50～114.16m，平均为 65.92m。

(3)该矿区 15 号煤层特征如下：该煤层位于太原组下段中下部，煤层埋深为 83.78～602.96m，平均 330.92m，煤层厚度为 0.45～7.60m，平均为 4.46m，属于较稳定的厚煤层，该煤层含夹矸 0～3 层。煤层变异系数 36%，可采性指数 0.96。顶板岩性主要为泥岩，局部为炭质泥岩、中粒砂岩。底板岩性主要为灰色铝质泥岩。

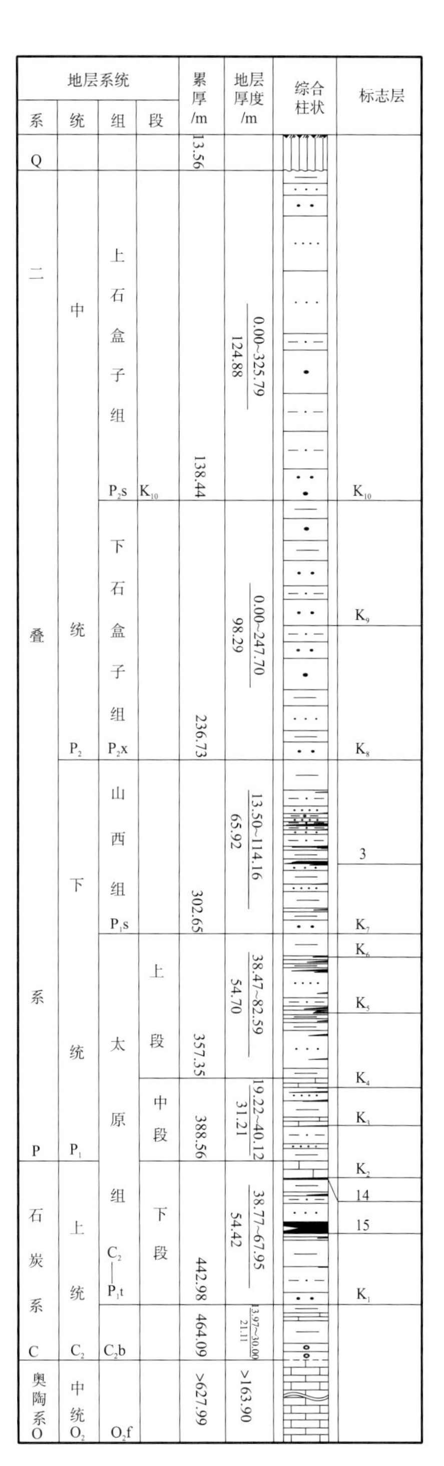

图 2-2　矿井地层综合柱状示意图
(据 TC 煤矿资料)

2.1.2 CG煤矿

CG煤矿位于和顺县北约17km的李阳村附近，矿区面积为9.07km^2。该矿区区域地层情况见表2-1所示，井田内主要含煤地层为太原组和山西组，分述如下：

表2-1 区域地层简表

界	系	统	组	符号	厚度/m (最小~最大) 一般	岩性描述
新生界	第四系			Q	0~130 35	砾石，黄土及砂层
	上第三系			N_2	0~63 40	棕红色黏土，底部为底砾岩。在榆社、平定县一带，粉砂土，黏土夹薄层泥灰岩
古生界	二叠系	上统	石千峰组	P_2sh	80~168 100	紫红色长石砂岩、泥岩夹页岩、钙质结核
			上石盒子组	P_2s	240~450 312	紫色砂质泥岩、黄绿色砂质泥岩脑杂色砂岩、泥岩
		下统	下石盒子组	P_1x	90~170 161	灰绿色砂质泥岩、中粗砂岩、页岩
			山西组	P_1s	36~98 56	灰白色砂岩、砂质泥岩、泥岩、煤层
	石炭系	上统	太原组	C_3t	81~141 120	灰白色砂岩、黑色砂质泥岩、3~5层灰岩、煤层
		中统	本溪组	C_2b	24~68 45	灰白色铝土页岩、泥岩、1~4层灰岩、底部含铁矿
	奥陶系	中统	峰峰组	O_2f	120~200 150	中层状豹皮状灰岩，灰白、灰黄色薄层状白云质灰岩，夹灰黑色中层状灰岩
			上马家沟组	O_2s	170~308 220	顶部为白云泥灰岩夹泥质灰岩夹泥质灰，中上部灰黑色中厚状豹皮状灰岩夹泥岩，下部为泥灰岩，角砾状泥灰岩
			下马家沟组	O_2x	37~213 120	青灰色中厚—巨厚灰岩，下部为角砾关泥灰岩，底部为浅灰、黄绿色钙质页岩
		下统		O_1	64~209 112	浅灰色中厚—巨厚层状白云岩，含燧石条带及结核白云岩，含燧石条带及结核白云岩，下部泥质白云岩夹竹叶状白云岩

(1)石炭系上统太原组(C_3t)：本组以K_1砂岩为基底，主要岩性由灰黑色泥岩、砂质泥岩、粉砂岩、灰岩及煤层组成，属于海陆交互相沉积，含石灰岩3层(K_2、K_3、K_4)，含煤10层(6号、7号、8号、9号、10号、11号、12号、13号、14号、15号)，其中8号煤层为不稳定煤层，仅局部可采，15号煤层为稳定煤层，全区可采，其余均为不可采煤层，全组厚度范围为81~141m，平均厚度为120m。

(2)二叠系下统山西组(P_1s)：本组以K_7砂岩为基底，全层厚度为36~98m，平均为56m。主要岩性由灰白色砂岩、砂质泥岩、泥岩、煤层组成。含煤5层(1号、2号、3号、

4 号、5 号)，其中 3 号和 4 号煤层在本矿区只有小范围达到可采厚度标准，因而属于不可采煤层；其余 1 号、2 号、5 号煤层均未达到可采厚度，因而无法对它们实施开采。

2.1.3　ZB 煤矿

ZB 煤矿位于和顺县城西南约 1.5km 的义兴镇附近，井田周围有铁路和公路穿过，交通运输条件较为便利。

该矿区地层由老至新依次为：奥陶系中统峰峰组、石炭系中统本溪组、石炭系上统太原组、二叠系下统山西组、二叠系下统下石盒子组、二叠系上统上石盒子组及第四系地层。井田内主要含煤地层为太原组和山西组，分述如下：

(1)石炭系上统太原组(C_3t)：本组岩性主要由灰色砂岩、砂质泥岩、深灰色泥岩、石灰岩及煤组成。有 3 个主要的灰岩层(K_4、K_3、K_2)，其中 K_4 灰岩层下为 11 号煤，K_3 灰岩层下为 13 号煤，K_2 灰岩层下为 14 号煤，因而它们是很好的标志层，含煤 10 层(8_1 号、8 号、$9_上$ 号、9 号、11 号、12 号、$12_下$ 号、13 号、14 号、15 号)，15 号煤层在该组地层中分布均匀且稳定，在该矿区范围内均可采，8 号煤层在该地层中分布较集中且稳定，除小部分范围内煤层厚度过小无法开采，其余大部分均可开采。本组厚度范围为 105.75～139.59m，平均厚度为 124m。与下伏地层呈整合接触关系。

(2)二叠系下统山西组(P_1s)：本组岩性主要由中细粒砂岩及砂质泥岩、泥岩和煤组成，含煤 6 层(1 号、2 号、3 号、4 号、5 号、6 号)，其中 4 号煤层和 5 号煤层在该地区只有极少为可采点，但大部分的煤层厚度达不到开采要求，可开采点较少导致开采工业价值较低。底部 K_7 为灰白色中细砂岩，其厚度为 0～20.93m，平均为 4.82m，局部相变为粉砂岩或砂质泥岩，连续沉积在太原组之上。全组厚度为 40.15～67.85m，平均厚度为 50m 左右。与下伏地层呈整合接触关系。

(3)8 号煤层与 15 号煤层特征：8 号煤层，位于太原组顶部，位于 K_4 灰岩上方 31.5m 左右，煤层厚度为 0.80～2.10m，平均为 1.17m，煤层中含夹矸 1 层，其厚度为 0～0.70m，该煤层在本矿区地层中分布较稳定，全区大部分可开采。煤层顶板为砂质泥岩，底板为中砂岩或砂质泥岩。

15 号煤层：位于太原组中下部，14 号煤层下方 14.5m 左右，距 K_1 砂岩下方约 19.8m。煤层厚度为 4.25～6.94m，平均为 5.56m。煤层中含夹矸 2～4 层，夹矸岩性为泥岩及炭质泥岩，结构较为复杂。煤层顶板为砂质泥岩或细砂岩，底板以砂质泥岩为主，局部为泥岩、粉砂岩。该煤层的厚度、层位均比较稳定，全区可采。该矿区可采煤层特征见表 2-2。

表 2-2　可采煤层特征表

煤层编号	煤层厚度/m 最小～最大 平均	煤层结构 (夹矸层数)	煤层间距/m 最小～最大 平均	顶板岩性	底板岩性	稳定性
8	0.80～2.10 1.17	简单 (1)	80.00～93.00 88	砂质泥岩	中砂岩 砂质泥岩	较稳定
15	4.25～6.94 5.56	中等 (2～4)		砂质泥岩 细砂岩	砂质泥岩 粉砂岩	稳定

山西组 3 号煤层和太原组 15 号煤层在该区地层中分布较稳定，是产煤的主力层，也是该区煤层气勘探的主要目标层。而 15 号煤层比 3 号煤层可采性更高，因而本次采集的煤岩样主要为太原组 15 号煤层。

2.2　样品的采集

在了解煤矿基本地质情况后，项目组下到矿井下 300 多米处，采集了煤岩样和顶板、底板样(见图 2-3)。项目组成员对井下采集的煤岩样进行现场分析讨论，见图 2-4 所示。托运回的样品经开箱检查，均无破坏，保存完好。

图 2-3　煤矿井下采集的部分煤岩样和顶板样的宏观照片

图 2-4　项目组成员在 ZB 煤矿工作情况

第 3 章　煤岩显微结构测试与分析

3.1　显微煤岩特征

显微组分是显微镜(普通、光学、电子)下可辨认的煤的有机成分。显微煤岩类型是煤的显微组分及矿物的天然组合，不同的显微煤岩类型反映出煤的地质成因、煤相、成煤原始物质和煤的化学工艺性质的差别。因此，进行显微煤岩类型分析对研究煤的聚积方式、煤相变化、煤层对比以及评价煤岩储层都有实际意义。

我国的《显微煤岩类型分类》国家标准中煤的有机显微组分按三大组划分：镜质组、壳质组、惰质组。

(1)镜质组又称凝胶化成分，由植物残体受凝胶化作用而形成。植物残体的木质显微组织在积水较深和无空气进入的沼泽中受到厌氧微生物作用逐渐分解，细胞壁不断吸水膨胀，细胞腔则逐渐缩小以致完全失去细胞结构，形成无结构的胶态物质或进一步分解为溶胶，成煤后就称为镜质组显微组分。

(2)惰质组又称丝质组，是由丝炭化作用形成的。植物残体的木质显微组织先在氧化性环境下，细胞腔中的原生质很快被需氧微生物破坏，而细胞壁相对稳定，仅发生氧化和脱水，残留物的碳含量大大提高。由于地质条件的变化，上述环境逐渐转变为还原性的，故这部分残留物没有完全被破坏，而成为具有一定细胞结构的丝炭。如果凝胶化作用和丝炭化作用交互发生，就形成一些亚显微结构。C 含量高，芳构化程度高，较硬，反射率高，挥发分低，无黏结性。

(3)壳质组又称稳定组、类脂组。壳质组还有大量脂肪族成分，氢含量高，加热时产生大量的焦油和气体。黏结性较差或没有，具有荧光性。它是由植物残体中的类脂物质，如孢子、树脂和角质层等经沥青化作用形成的。所以有时又称之为类脂组或稳定组。煤岩组成在成煤第一阶段，即经生物化学作用后，已基本稳定下来；在成煤第二阶段，即经物理化学作用，各煤岩成分又经受了不同程度的变化。惰质组组分在泥炭化阶段就发生了剧烈的变化，在以后的煤化阶段中变化很少；稳定组组分由于对生物化学作用稳定，所以在泥炭化阶段变化很少，只有深度变质作用时变化才较大；唯有凝胶化组分在整个成煤过程中都是比较有规律的渐进变化。

煤的无机显微组分如下：

1)煤中矿物质来源

(1)原生矿物：植物通过根吸收的矿物质。

(2)同生矿物：由风、水携带与泥炭同时沉积的矿物质。

(3)后生矿物：煤层形成后，由于水或岩浆的侵入形成于煤体内的矿物。

2)煤中矿物质种类

黏土矿、碳酸盐矿、氧化物、硫化物、氢氧化物等。

通常煤的各种有机显微组分分布范围的显著差异，表明了其原始成煤物质的沉积环境有显著的不同，通常在强还原条件下形成的煤，其显微组分中的镜质组(V)含量高，而在弱还原条件下形成的煤，其显微组分中的惰质组(I)含量就高，而壳质组(E)含量高的煤，表明其原始成煤植物中较稳定的树皮、树蜡、树脂、孢子、木栓等组分在成煤过程中得到了富集。而不同的煤岩显微组分含量对煤的物理、化学性质均有显著的影响。如惰质组高的煤，其挥发分低、含碳量高、黏结性差、焦油产率低，而镜质组高的炼焦煤，其黏结性好、发热量高、含氧量较低。煤岩显微组分的化学组成不但随煤化程度、还原程度的不同而有所不同，即便在同一煤内，镜质组、稳定组和惰质组的性质也各不相同。镜质组的特点是碳含量中等，氧含量高，芳香族成分含量较高。随着煤阶的增高，镜质组的碳含量增加，氧含量下降，氢含量在低煤阶时大致相同，从中等煤阶烟煤开始，突然减少。稳定组的特点是有较高的氢含量和脂肪族成分。惰质组的特点是碳含量高，氢含量低，它的芳构化程度比镜质组高。随煤化程度的提高各显微组分之间的差别逐渐减少。

3.1.1　煤岩显微定量测试与分析

采用MPV-Ⅲ显微光度计对和顺采集的33块煤岩样的显微组分和镜质组平均最大反射率进行了定量测试，测试结果见表3-1所示，从表3-1可以看出显微组分主要由镜质组、惰质组及少量矿物质组成。太原组15号煤层镜质组含量为78.879%～89.239%，主要分布区间为85%～90%(见图3-1)，平均86.679%，显微组分的分布趋势表明，太原组生气潜力较大。惰质组含量为9.66%～19.89%，主要分布区间为10%～15%(见图3-2)，平均12.309%；矿物质含量为0.58%～1.52%，主要分布区间为0.5%～1.5%(见图3-3)，平均1.03%。

三大组分组的生烃能力及性质具有显著的差异(黄第藩，1992)。壳质组生烃能力强，液态烃所占比例较大；镜质组生烃能力较强，主要生成气态烃；惰质组生烃能力弱，几乎全为气态烃。在同一显微组分内，不同组分的生烃能力和性质也有差异。从测试结果看，由太原组15号煤层各显微组分的相对含量可知，煤层都应以生成气态烃为主，液态烃的含量极少。

表3-1　沁水盆地和顺地区太原组15号煤显微组分及镜质组平均最大反射率测试结果

样品		煤岩显微定量结果/%							平均最大反射率/%
样品编号	样品名称	镜质组	惰质组	壳质组	有机总量	黏土类	硫化物	碳酸盐	
1	TC1	80.79	18.22			0.24	0.48	0.27	1.891
2	TC2	86.17	13.01			0.25	0.28	0.29	1.903
3	TC3	87.28	11.78			0.45	0.23	0.26	1.864

续表

样品		煤岩显微定量结果/%							平均最大反射率/%
样品编号	样品名称	镜质组	惰质组	壳质组	有机总量	黏土类	硫化物	碳酸盐	
4	TC4	88.05	11.09			0.22	0.20	0.44	1.847
5	TC5	85.81	13.61			0.19	0.21	0.18	1.815
6	TC6	87.93	11.05			0.27	0.26	0.49	1.836
7	TC7	84.21	14.88			0.22	0.23	0.46	1.828
8	TC8	86.86	12.01			0.28	0.29	0.56	1.831
9	TC9	83.63	15.34			0.27	0.25	0.51	1.804
10	TC10	84.91	13.64			0.26	0.52	0.67	1.886
11	TC11	87.27	11.62			0.23	0.46	0.42	1.900
12	TC12	86.78	12.07			0.47	0.16	0.52	1.887
13	TC13	85.69	13.52			0.20	0.21	0.38	1.879
14	TC14	78.87	19.89			0.33	0.60	0.31	1.796
15	TC15	88.01	11.13			0.35	0.17	0.34	1.845
16	TC16	87.52	11.40			0.27	0.26	0.55	1.858
17	TC17	88.89	10.14			0.48	0.25	0.24	1.784
18	TC18	89.06	10.20			0.19	0.18	0.37	1.775
19	TC19	87.13	11.94			0.24	0.23	0.46	1.839
20	CG1	87.75	11.28			0.23	0.25	0.49	1.901
21	CG2	88.52	10.64			0.21	0.43	0.20	1.919
22	CG3	89.01	9.83			0.26	0.51	0.39	1.908
23	CG4	87.14	11.96			0.22	0.23	0.45	1.887
24	XDD2	87.84	11.17			0.19	0.39	0.41	1.874
25	XDD4	86.89	12.25			0.20	0.21	0.45	1.910
26	XDD5	85.98	12.72			0.27	0.54	0.49	1.892
27	XDD6	87.09	11.66			0.36	0.71	0.18	1.869
28	XDD7	89.23	9.66			0.44	0.46	0.21	1.906
29	ZB1	84.90	14.05			0.56	0.22	0.27	1.865
30	ZB2	88.35	10.72			0.29	0.31	0.33	1.911
31	ZB3	87.46	11.33			0.30	0.32	0.59	1.883
32	ZB4	87.05	11.63			0.55	0.28	0.49	1.854
33	ZB5	88.16	10.32			0.40	0.74	0.38	1.871

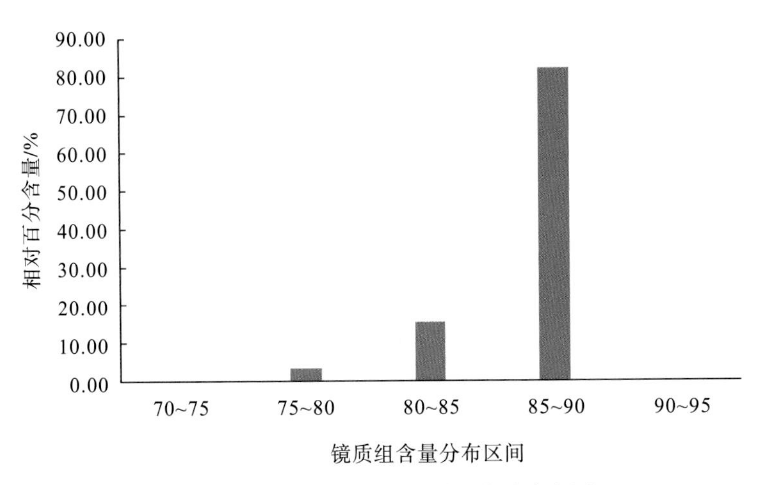

图 3-1　太原组 15 号煤镜质组含量直方图

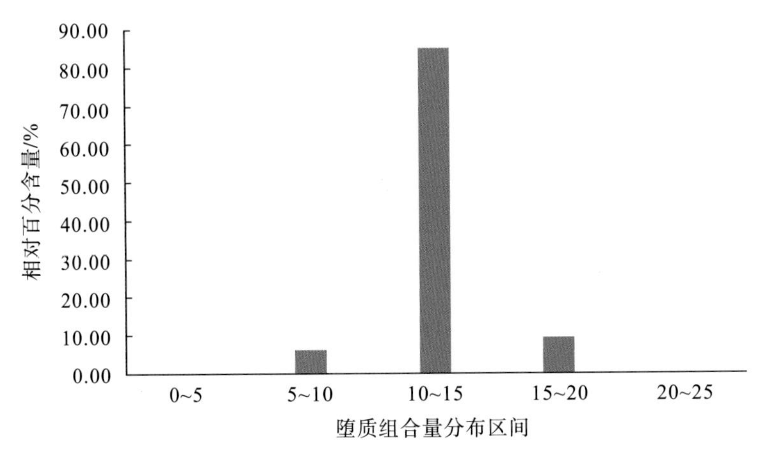

图 3-2　太原组 15 号煤惰质组含量直方图

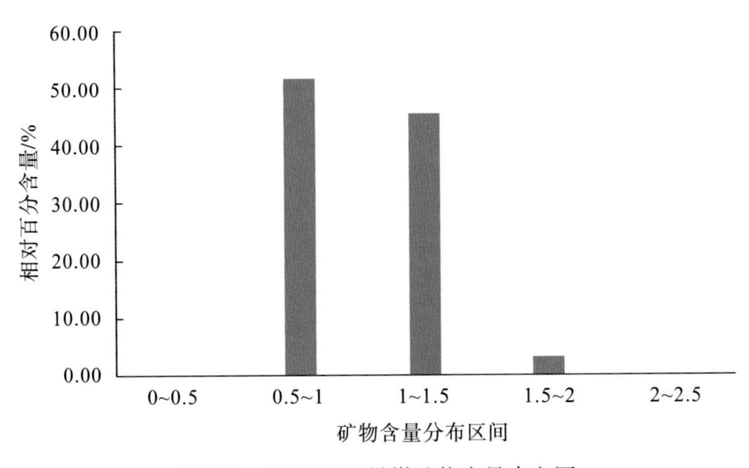

图 3-3　太原组 15 号煤矿物含量直方图

3.1.2 煤质特征

评价煤质的基本依据是煤的工业分析，又叫煤的技术分析或实用分析。煤的工业分析法主要包括水分、挥发分、灰分和固定炭等的测定。通常煤的水分、灰分、挥发分是直接测出的，而固定碳是用差减法计算出来的。广义上讲，煤的工业分析还包括煤的全硫分发热量的测定，又叫煤的全工业分析(柳青海，1991)。

水分的测定主要包括通氮干燥法、甲苯蒸馏法和空气干燥法三种，前两种方法适用于所有煤种，空气干燥法仅适用于烟煤和无烟煤。通氮干燥法与空气干燥法都是称取一定量的空气干燥煤岩样，置于105～110℃的干燥箱中，在干燥气流中干燥到质量恒定，然后根据煤岩样的质量损失计算出水分的百分含量，只是前者通的是干燥氮气，后者通的是干燥空气而已。甲苯蒸馏法则是称取一定量的空气干燥煤岩样于圆底烧瓶中，加入甲苯共同煮沸。分馏出的液体收集在水分测定管中并分层，量出水的体积(mL)。以水的质量占煤岩样质量的百分数作为水分含量。水分的测定还有重复性的规定，这里不再详述。煤中灰分的测定方法，包括缓慢灰化和快速灰化法。缓慢灰化法为仲裁法；快速灰化法可作为例常分析方法。缓慢灰化法是指称取一定量的空气干燥煤岩样，放入马弗炉中，以一定的速度加热到815±10℃，灰化并灼烧到质量恒定。以残留物的质量占煤岩样质量的百分数作为灰分产率。快速灰化法又包括A法和B法，A法是将装有煤岩样的灰皿放在预先加热至815±10℃的灰分快速测定仪的传送带上，煤岩样自动送入仪器内完全灰化，然后送出。以残留物的质量占煤岩样质量的百分数作为灰分产率；而B法则是将装有煤岩样的灰皿由炉外逐渐送入预先加热至815±10℃的马弗炉中灰化并灼烧至质量恒定。以残留物的质量占煤岩样质量的百分数作为灰分产率。灰分的测定还有再现性和重复性的要求。挥发分的测定是称取一定量的空气干燥煤岩样，放在带盖的瓷坩埚中，在900±10℃的温度下，隔绝空气加热7min。以减少的质量占煤岩样质量的百分数，减去该煤岩样的水分含量(M_{ad})作为挥发产率。

通过对收集的沁水盆地4个煤矿测试煤岩样的工业分析数据统计分析表明：

XDD15号煤层：浮煤挥发分(V_{daf})9.22%～12.05%，平均10.54%；黏结指数($G_{R.I}$)为0；胶质层指数Y为0。

山西和顺ZB煤业有限公司15号煤原煤：灰分(A_d)为14.42%～31.32%，平均为22.86%；水分(M_{ad})为0.12%～0.86%，平均为0.32%；挥发分(V_{daf})为11.41%～21.12%，平均为15.06%；全硫($S_{t.d}$)为0.94%～1.79%，平均为1.39%；发热量($Q_{gr.d}$)为22.03～28.96MJ/kg，平均为25.74MJ/kg。浮煤：灰分(A_d)为4.77%～9.13%，平均为6.57%；水分(M_{ad})为0.17%～1.41%，平均为0.51%；挥发分(V_{daf})为10.01%～10.25%，平均为10.11%；全硫($S_{t.d}$)为0.83%～1.0%，平均为0.91%；发热量($Q_{gr.d}$)为23.34～33.86MJ/kg，平均为30.26MJ/kg；黏结指数($G_{R.I}$)为0。

TC煤矿：①15煤层水分(M_{ad})为0.28%～8.53%，平均1.77%。在平面及剖面上水份含量变化均不大，无明显规律；②灰分(A_d)：15煤层以低灰煤、中灰煤为主，两者占89.4%，高灰煤在横向上零星分布，规律性不明显；③硫分($S_{t.d}$)：据原煤全硫极值，矿井范围内 15 煤层 0.41%～4.52%，为特低－高硫煤。15 煤层以低硫煤为主，占 44.7%，其次是中硫煤，占 27.6%，平面上总的趋势是西部低于东部，南部低于北部，中高硫煤和高硫煤集中在矿井的东北角。各煤层原煤形态硫均以硫化铁硫为主，有机硫次之，硫酸盐硫最少；④挥发分(V_{daf})：原煤挥发分平均值 15 煤层为 14.38%，随煤层层位降低而变小。洗煤挥发分平均值 15 煤层为 11.70%，随煤层层位降低而变小。在横向上，随深度增加，挥发分含量逐渐降低；⑤元素分析对碳、氢、氧、氮等元素分析结果表明，上述各元素的数值范围变化不大，横、纵向上亦较稳定。

3.1.3 煤变质作用及其煤种

煤的镜质组反射率是表征煤阶的重要指标，其与煤层气关系相当密切，确定煤阶成为煤储层评价中的一项重要内容。煤阶是指在煤化作用过程中，煤的组成和结构所发生的物理化学特性改变的程度。通常各种煤岩显微组分的反射率都随煤阶的增高而增大，这反映了煤的内部由芳香稠环化合物组成的芳香核缩聚程度在增长，芳碳率逐渐增大的过程。

在和顺地区 4 个煤矿采集的 33 个煤岩样测试的镜质组平均最大反射率为 1.775%～1.919%(见表 3-1)，综合矿区资料分析：XDD2 号、XDD4 号～XDD7 号根据镜质组最大反射率判断该煤岩样为高煤级烟煤，变质阶段为Ⅷ，煤种为贫煤。ZB1 号～ZB5 号根据镜质组最大反射率判断该煤岩样为高煤级烟煤，变质阶段为Ⅷ，煤种为贫煤。结合我们的测试数据 TC1 号～TC13 号、TC15 号、TC16 号、TC19 号根据镜质组最大反射率判断该煤岩样为高煤级烟煤，变质阶段为Ⅷ，煤种为贫煤。TC14 号、TC17 号、TC18 号根据镜质组最大反射率判断该煤岩样为高煤级烟煤，变质阶段为Ⅶ，煤种为瘦煤。CG 煤矿：CG1 号～CG4 号根据镜质组最大反射率判断该煤岩样为高煤级烟煤，变质阶段为Ⅷ，煤种为贫煤。沁水盆地和顺地区太原组 15 号煤煤阶和煤种划分结果见表 3-2 所示。

3.1.4 岩石薄片的常规鉴定

利用偏光显微镜鉴定岩性是现场岩性定名的一种有效手段，得到了广泛应用。通过在单偏光镜下观察造岩矿物的晶形、解理、颜色、突起等级、包裹体特征、多色性及吸收性；在正交偏光镜下观察矿物的最高干涉色、消光类型及消光角、测定延性符号以及观察双晶类型；在锥光镜下选择近于垂直光轴的颗粒，由干涉图的特征确定非均质体矿物的轴性、光性、光轴角等；最后根据造岩矿物的种类、大致含量、结构、构造特征对岩石进行定名。由于样品条件、取样的代表性、制片工艺、视域限制、鉴定水平等诸多因素的影响，在矿物鉴定方面主要以大量的定性描述为主，如果能与扫描电镜相结合，可使岩石定名中的矿物鉴定从岩石薄片定性描述发展到量化评价，提高岩石定名的准确性。

表 3-2　沁水盆地和顺地区太原组 15 号煤煤阶和煤种划分

样品编号	样品名称	变质阶段	煤种
1	TC1	Ⅷ	贫煤
2	TC2	Ⅷ	贫煤
3	TC3	Ⅷ	贫煤
4	TC4	Ⅷ	贫煤
5	TC5	Ⅷ	贫煤
6	TC6	Ⅷ	贫煤
7	TC7	Ⅷ	贫煤
8	TC8	Ⅷ	贫煤
9	TC9	Ⅷ	贫煤
10	TC10	Ⅷ	贫煤
11	TC11	Ⅷ	贫煤
12	TC12	Ⅷ	贫煤
13	TC13	Ⅷ	贫煤
14	TC14	Ⅶ	瘦煤
15	TC15	Ⅷ	贫煤
16	TC16	Ⅷ	贫煤
17	TC17	Ⅶ	瘦煤
18	TC18	Ⅶ	瘦煤
19	TC19	Ⅷ	贫煤
20	CG1	Ⅷ	贫煤
21	CG2	Ⅷ	贫煤
22	CG3	Ⅷ	贫煤
23	CG4	Ⅷ	贫煤
24	XDD2	Ⅷ	贫煤
25	XDD4	Ⅷ	贫煤
26	XDD5	Ⅷ	贫煤
27	XDD6	Ⅷ	贫煤
28	XDD7	Ⅷ	贫煤
29	ZB1	Ⅷ	贫煤
30	ZB2	Ⅷ	贫煤
31	ZB3	Ⅷ	贫煤
32	ZB4	Ⅷ	贫煤
33	ZB5	Ⅷ	贫煤

将本次采集的 4 个煤矿的 36 个样品(33 个煤岩样和 3 个顶板样)制备成薄片，见图 3-4 所示，将磨制好的薄片在偏光镜(型号：NiKon E600)下观察，用 NiKon 990 相机照相。

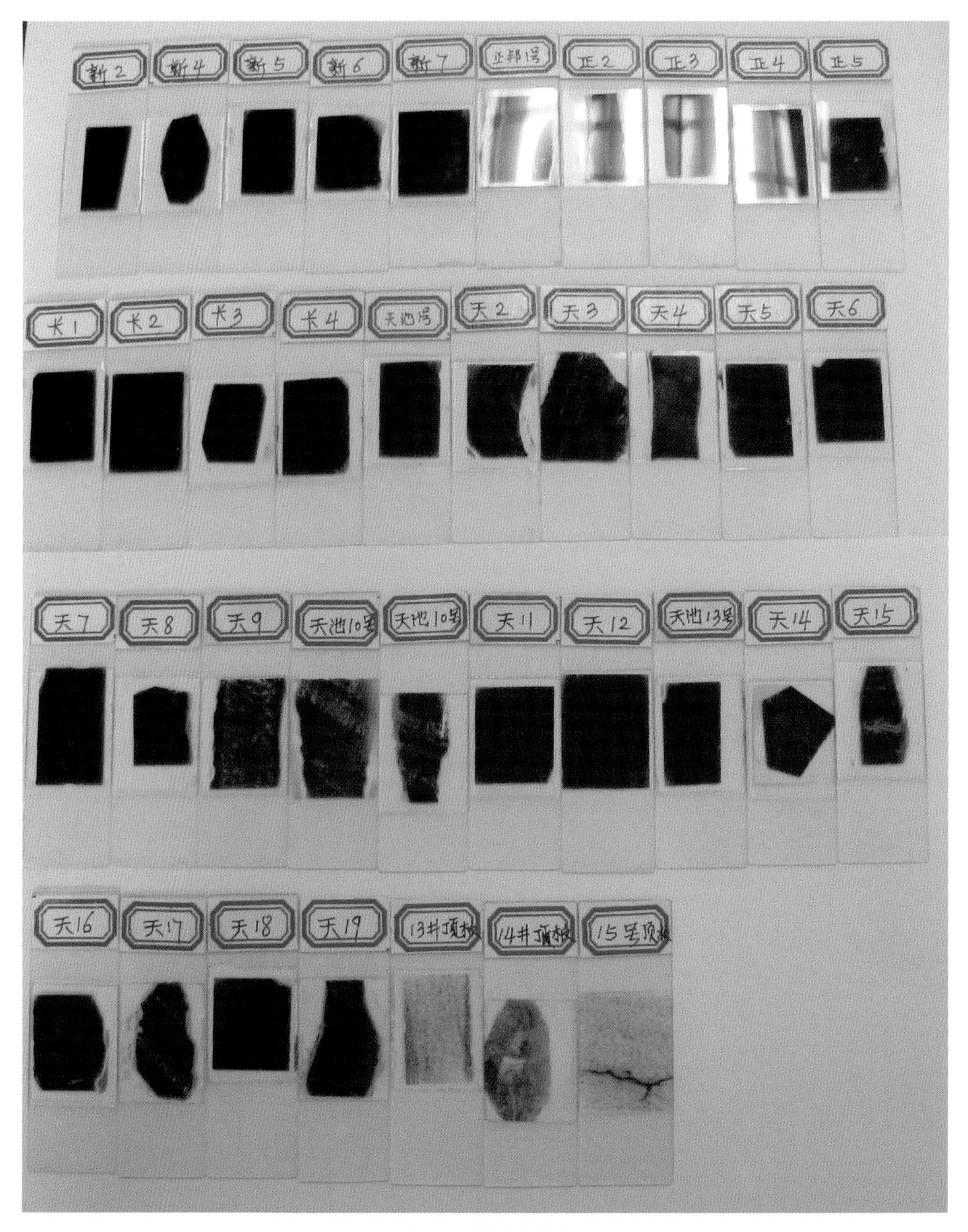

图 3-4　磨制的薄片

以下为我们的鉴定结果(见表 3-3)。表 3-4 是长沟 1# 样品的薄片测试鉴定结果。

表 3-3　沁水盆地和顺地区太原组 15 号煤综合定名

样品		岩石综合定名
样品编号	样品名称	
1	TC1	具微孔的纹层状黑色煤岩
2	TC2	纹层状黑色煤岩
3	TC3	富含割理的纹层状黑色煤岩
4	TC4	水平纹层状黑色煤岩
5	TC5	富含微孔的层状黑色煤岩
6	TC6	含微孔层状黑色煤岩
7	TC7	发育割理的纹层状黑色煤岩
8	TC8	层状黑色煤岩
9	TC9	发育割理的块状黑色煤岩
10	TC10	发育割理的纹层状黑色煤岩
11	TC11	含微孔层状黑色煤岩
12	TC12	发育割理的块状黑色煤岩
13	TC13	纹层状富微孔黑色煤岩
14	TC14	发育割理的块状煤岩
15	TC15	纹层状丝质组黑色煤岩
16	TC16	裂缝发育的块状黑色煤岩
17	TC17	纹层状含丝质体黑色煤岩
18	TC18	黑色层状煤岩
19	TC19	纹层状黑色煤岩
20	CG1	块状黑色含丝炭煤岩
21	CG2	具微孔的黑色层状煤岩
22	CG3	含丝质体层状黑色煤岩
23	CG4	黑色层状煤岩
24	XDD2	含微孔块状黑色煤岩
25	XDD4	层状黑色或棕黑色煤岩
26	XDD5	含微孔黑色层状煤岩
27	XDD6	黑色具微孔的块状煤岩
28	XDD7	含微孔块状黑色煤岩
29	ZB1	块状黑色煤岩
30	ZB2	富微孔层状黑色煤岩
31	ZB3	富微孔层状黑色煤岩

续表

样品		岩石综合定名
样品编号	样品名称	
32	ZB4	富微孔层状黑色煤岩
33	ZB5	富微孔层状黑色煤岩
34	13#顶(2)	中粒黏土质岩屑砂岩
35	14#顶(2)	生物碎屑泥质—粉晶灰岩
36	15#顶(3)	细—中粒高岭石化岩屑砂岩

表 3-4　长沟 1#薄片鉴定报告

<table>
<tr><td colspan="2">产地</td><td>山西和顺</td><td>薄片号</td><td>长 1</td><td>层位</td><td>太原组</td><td>野外定名</td><td>长沟 1#</td></tr>
<tr><td rowspan="2">镜下观察</td><td>岩石组分</td><td colspan="7">黑色不透明，块状，镜质组 85%，丝质组 10%，菌藻 5%；
岩石以镜质组为主</td></tr>
<tr><td>岩性描述</td><td colspan="7">镜质组：呈块状、凝胶状，内发育细小微孔，孔径 0.02～0.07mm，形态呈扁圆状、不规则条状，零星分散或层状分布，大多数微孔呈未充填状，占 85%；
丝质组：在该岩中较常见，由木质纤维经炭化作用形成，呈黑色不透明状，块状或长条状形态，占岩石的 10%，在丝炭化组织中可见到原生植物细胞；
另外，在岩石中可见到圆形菌藻组分，大小为 0.05～0.5mm，内有伊利石交代，零星分布，占 5%</td></tr>
<tr><td colspan="2">孔缝特征</td><td colspan="7">内发育细小微孔，孔径 0.02～0.07mm，形态呈扁圆状、不规则条状，零星分散或层状分布，大多数微孔呈未充填状，岩石中见有少量细丝裂缝，宽 0.01～0.02mm，未充填状 2%</td></tr>
<tr><td colspan="2">照片及说明</td><td colspan="4">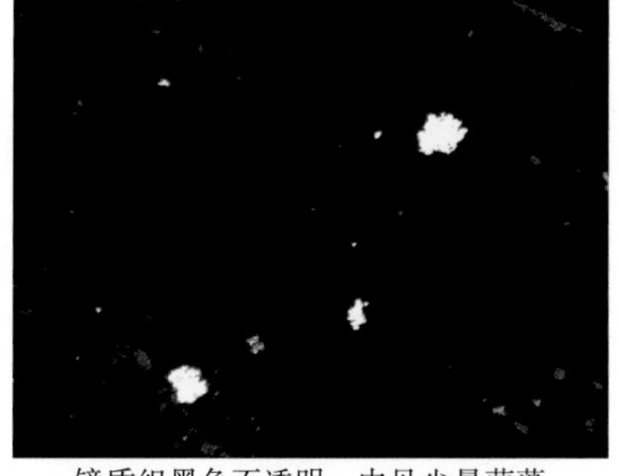
镜质组黑色不透明，内见少量菌藻
4×10(+)</td><td colspan="3">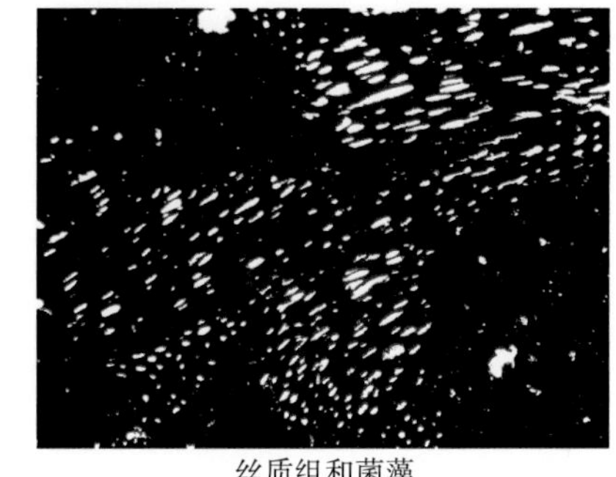
丝质组和菌藻
4×10(−)</td></tr>
<tr><td colspan="2">岩石综合定名</td><td colspan="7">块状黑色含丝炭煤岩</td></tr>
</table>

3.2　煤岩样扫描电镜分析

今天，能源问题是人类面临的最大问题，世界各国在寻找新能源的同时，也在加快步伐研究如何更有效率地利用现有资源，使现有的资源利用持续更久，为寻找新能源争取时间。此时，煤层中富含的煤层气的收集利用便显得尤为重要。煤层气的综合利用不仅取得了更多的能源，还降低了瓦斯爆炸对煤矿开采的危险。而煤层气正是吸附和储存在煤层的空隙、裂隙中。通过在显微镜和扫描电镜下观察，可以清楚地看到微孔和裂隙的发育情况，了解微孔及裂隙分布规律及发育程度，对追溯生气源岩、评价煤层气资源有重要价值。由此可见，对煤的孔隙研究对寻找和开采煤层气资源都是十分重要的一项工作。

煤是一类由高分子有机化合物与矿物组成的混合体，且以有机为主，它不仅可以作为烃源岩，其本身也是储层。煤作为自生自储型的非常规储气层，与常规的储集层有许多不同之处，它不像常规天然气那样需要有大规模的运移和聚集过程才能成藏，气体主要以吸附状态赋存于煤层中。煤层因具有极其发育的微孔系统和裂隙系统、极大的内表面积、较强的吸附能力而成为煤层气的天然储集层，其吸附量的大小与煤的孔隙发育程度、孔隙结构特征、孔隙形态等有关。煤层的孔隙特征包括孔隙结构类型、孔隙大小、数量及孔隙度等，它是衡量煤层气储存和运移性能的重要参数之一。

3.2.1　煤储层孔隙、裂隙(割理)发育特征

煤层气储层孔隙结构分为基质孔隙和裂隙孔隙，具有双重孔隙结构。煤层中煤基质被天然裂隙网分成许多方块(基质块体)：基质孔隙是主要的储气空间，而裂隙是主要的渗透通道。研究孔隙、裂隙有助于了解煤层气在煤储层内的赋存和运移特征。

煤中的孔隙是煤层气的赋存空间，孔隙分布特征的研究是煤储层性质研究和资源评价的一项基础性工作，同时，也是煤层气勘探开发工程设计的基础。因此煤储层孔隙的分类是一项研究重点，因其研究方法、手段和应用而有所差别，许多学者依据各自的研究目的提出各种煤孔隙分类方案：如霍多特(1966)提出的 4 级孔径划分，按孔隙直径的大小将煤孔隙分成大孔(孔径＞1000nm)、中孔(孔径 100～1000nm)、过渡孔(孔径 10～100nm)和微孔(孔径＜10nm)四个等级；本次拟采用下述的煤储层孔隙系统划分方案(表 3-5)(郝琦，1987；傅雪海等，2001；樊明珠和王树华，1997；蔚远江，2002；刘飞，2007)。

原生粒间孔其发育特征取决于颗粒成分、大小、形态和混合方式等构成的显微煤岩结构，通常粒间孔直径小而曲折度高。这类孔隙随煤化作用的加深及压实程度的增加而不断减少，在煤阶较高的煤中这类孔隙基本消失；植物组织孔主要载体一般为未充填的结构镜质体、丝质体、半丝体、孢子体等，其孔隙大小取决于原生植物细胞的大小及其保存程度。孔隙的长度和孔隙之间的连通性取决于原生植物的种类及其分解程度，分布较有规律。在煤化作用过程中形成的气孔形状常为圆形、椭圆形或水滴形，分布无规律，多成群出现。次生气孔的发育可以是原有残留孔隙的扩大，也可以是在有机显微组分中新生，但在含黏土矿物较多的组分中气孔一般发育较差。在所有组分中，基质镜质体中的气孔最为发育(刘飞，2007)。

表 3-5　煤储层孔隙划分及识别特征

<table>
<tr><th colspan="4">孔隙类型划分</th><th>孔径大小</th><th>分布位置</th><th>成因及孔隙特征简述</th><th>对煤层气的运聚作用</th></tr>
<tr><td rowspan="10">定性分析</td><td rowspan="4" colspan="2">原生孔隙</td><td>植物组织孔</td><td>直径一般 1×10^2～1×10^4nm</td><td rowspan="14">基岩块内</td><td>成煤植物本身所具有的细胞结构孔</td><td>作用小</td></tr>
<tr><td>粒间孔</td><td>一般 2～30μm</td><td>是显微组分颗粒之间及同矿物质堆积物之间的一种粒间孔隙</td><td>作用小</td></tr>
<tr><td>基质孔</td><td rowspan="6">几微米至零点几微米</td><td>无结构镜质体内的残留孔</td><td>—</td></tr>
<tr><td>晶间孔</td><td>矿物晶体之间的孔</td><td>作用小</td></tr>
<tr><td rowspan="6">次生孔隙</td><td rowspan="3">后生孔</td><td>角砾孔</td><td>煤受构造应力破坏而形成的角砾之间的孔</td><td>作用小</td></tr>
<tr><td>碎粒孔</td><td>煤受构造应力破坏而形成的碎粒之间的孔</td><td>作用中等</td></tr>
<tr><td>淋滤孔</td><td>煤经流水淋滤作用而形成的孔隙</td><td>作用中等</td></tr>
<tr><td>变质孔</td><td>气孔</td><td>直径一般 1×10^3nm</td><td>在煤化作用过程中因甲烷等气体的逸出而留下的孔隙</td><td>作用中等</td></tr>
<tr><td rowspan="2">矿物质孔</td><td>铸模孔</td><td rowspan="2">几微米至零点几毫米</td><td>因煤层中原生矿物晶体溶蚀形成的孔隙</td><td>—</td></tr>
<tr><td>溶蚀孔</td><td>可溶性矿物在长期的气、水作用下受溶蚀而形成的孔隙</td><td>作用小</td></tr>
<tr><td rowspan="4" colspan="2">测试定量分析</td><td colspan="2">大孔</td><td>>1000nm (>2000nm*)</td><td>多以管状、板状孔隙为主</td><td>易于液态烃、气态烃储集和运移，排烃效果好</td></tr>
<tr><td colspan="2">中孔</td><td>1000～100nm (2000～200nm*)</td><td>以板状、管状孔隙为主，间有不平行板状孔隙</td><td>易于液态烃、气态烃储集和运移</td></tr>
<tr><td colspan="2">小孔</td><td>100～10nm (200～20nm*)</td><td>以平行板状孔隙主，有一部分墨水瓶孔隙</td><td>易于气体储集，但不利于重烃气体运移</td></tr>
<tr><td colspan="2">微孔</td><td><10nm (<20nm*)</td><td>具有较多的墨水瓶孔隙和不平行毛细管板状孔隙</td><td>气体能储集，但不能运移</td></tr>
</table>

（据蔚远江，2002，部分修改，* 表示我国部分学者的分类标准）

在此次研究中，采用普通显微镜与扫描电镜观察相结合的方法，对沁水盆地 4 个矿区采集的 35 个样品(33 个煤岩样和 2 个顶板样)，进行了详细的显微孔隙系统的观察描述，且借鉴了前人部分研究成果，结果表明：煤中存在的显微孔隙按成因可粗略分为微气孔、生物组织孔、粒间孔、晶间孔、溶蚀孔、微裂缝等。

原生孔隙在高煤阶煤中比较常见，其中植物体腔孔发育(图 3-5a)，其次为粒(屑)间孔(图 3-5b)，微裂缝(图 3-5c)，局部微气孔发育(图 3-5d)。

沁水盆地煤岩次生孔隙类型以气孔最为常见(图 3-6)，煤中气孔主要是煤岩在煤化过程中气体逸出留下的孔洞，对煤的孔隙体积影响较大，在各变质程度的煤和煤岩组分中都有存在。成气作用强烈时可密集成群，其大小不一，排列无序，轮廓圆滑，形态多呈圆形－椭圆形、不规则形、长条形等。其直径为几微米至几十微米。

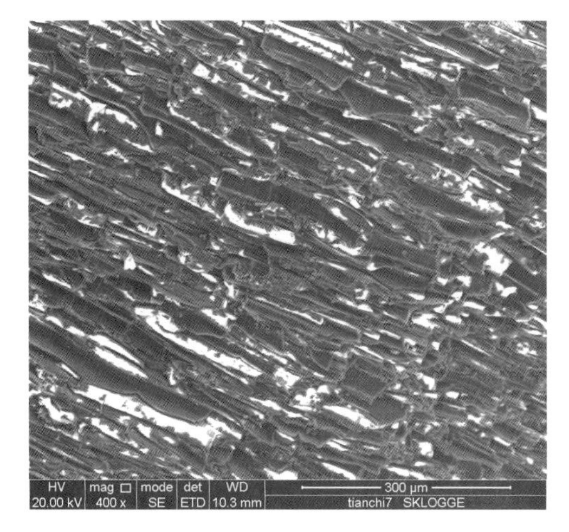

a. 植物体腔孔发育

b. 屑间孔发育

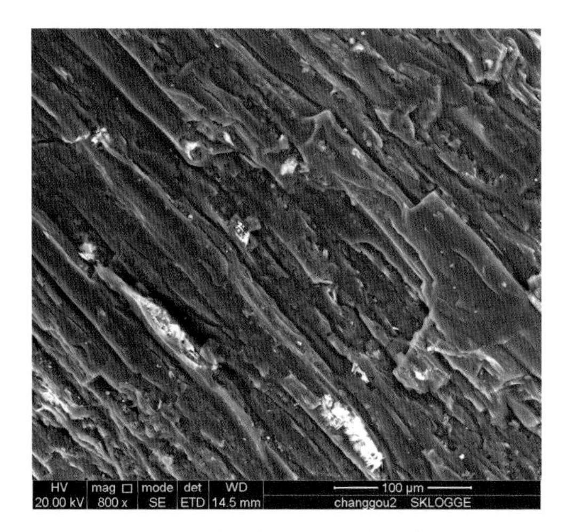

c. 微裂缝宽约 3μm，未充填

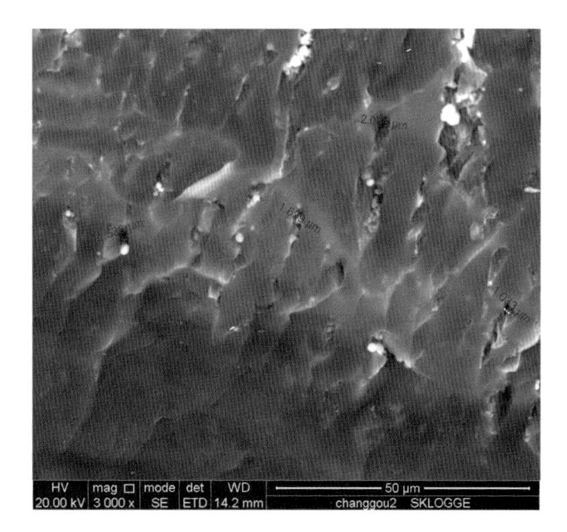

d. 局部微气孔发育，微气孔直径约 2μm，半充填

图 3-5　煤储层显微孔隙结构特征的 SEM 图

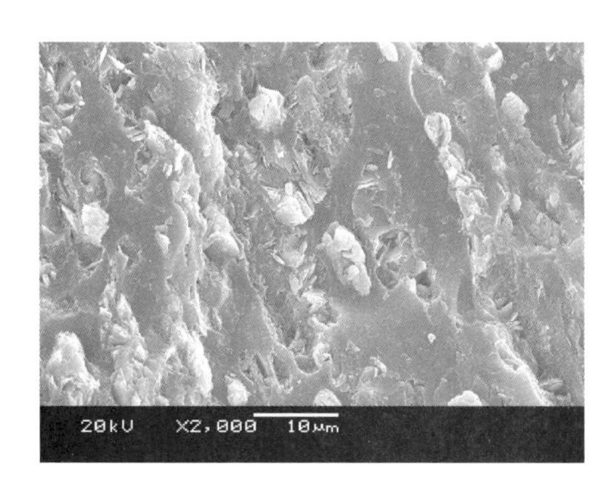

a. 微孔发育，未充填或半充填

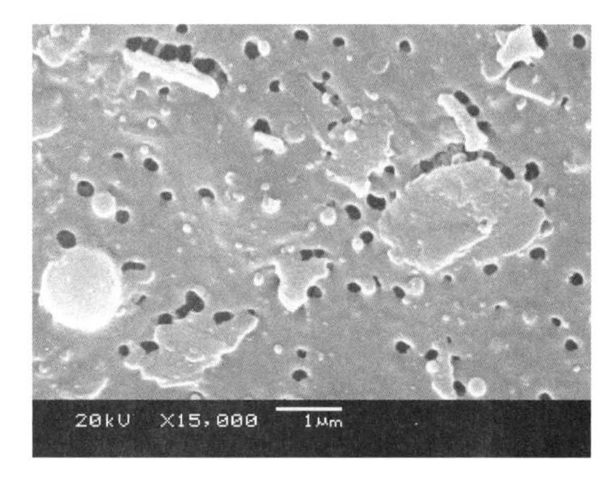

b. 微气孔极发育

图 3-6　15＃煤气孔 SEM 特征

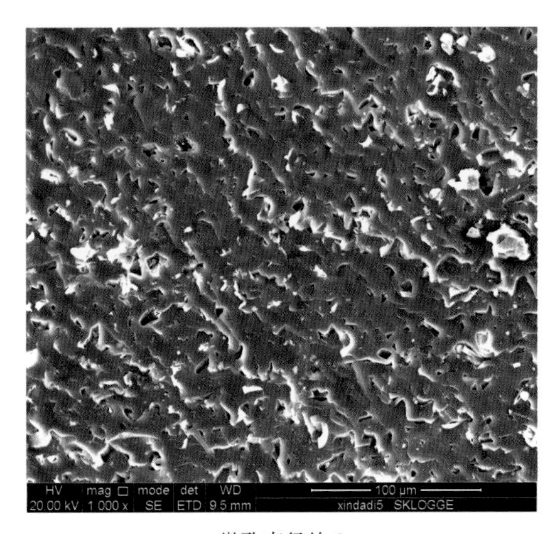

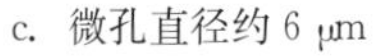
c. 微孔直径约 6 μm

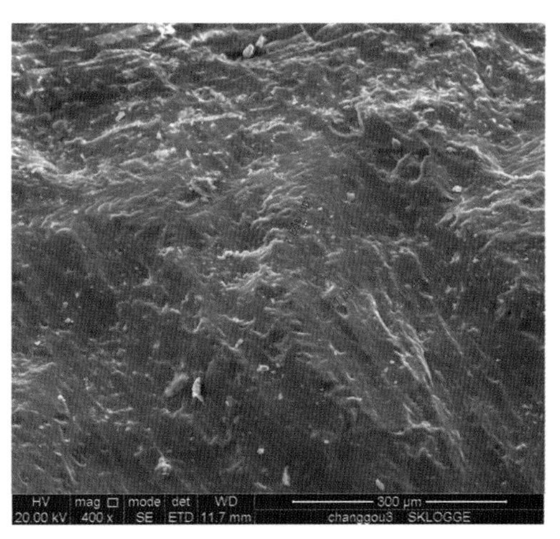

d. 微气孔未充填或半充填

图 3-6　15#煤气孔 SEM 特征(续)

3.2.2　煤中裂隙

煤中的裂隙分两种：①内生裂隙：又称割理，凝胶化物质在温度、压力作用下均匀收缩产生内张力而形成的裂隙。与层理面垂直发育两组。②外生裂隙：后期构造应力作用的产物，与层理面呈不同角度相交，裂隙内有煤屑，见表 3-6(蔚远江，2002)。本次样品扫描电镜测试表明内生割理发育。

割理系统是影响煤储层渗透性的主要因素，一般割理密度越大，煤层渗透性越好，反之则越低。由于煤层既不是单一孔隙型储层，也不是单一裂隙型储层，而是既有孔隙又有裂隙存在的孔隙-裂隙(割理)型储层，只是在不同的矿区由于煤岩类型、煤化程度等的不同而有不同的发育特征而已。根据观测，从图 3-7 中可以看出，太原组 15 号煤层普遍发育两组内生割理，局部发育有裂缝，裂缝有的完全充填，有的部分充填，有的未充填(见图 3-8，图 3-9)。

表 3-6　煤储层裂隙系统划分及识别特征

裂隙类型与级别		宽度	长度(L)	密度	切割性	裂隙形态特征	成因
宏观裂隙	大裂隙	数十厘米至数米	数十米至数百米	数条每米	切穿整个煤层甚至顶底板	发育一组，断面垂直，有煤粉。与煤层层理面斜交	外应力
	中裂隙	数十毫米至数十厘米	数米	数十条每米	切穿几个宏观煤岩类型分层(包括夹矸)	常发育一组，局部两组。断面垂直或呈锯齿状，有煤粉	
	小裂隙	数毫米至数厘米	数厘米至一米	数十条每米至 200 条每米	切穿一个宏观煤岩类型或几个煤岩成分分层，一般垂直或接近于垂直层理分布	普遍发育两组，面裂隙较端裂缝发育，断面平直	综合作用
	微裂隙(内生裂隙)	数毫米	数厘米	200 条每米至 500 条每米	局限于一个宏观煤岩类型或几个煤岩成分分层(镜、壳煤)中，垂直层理面	发育两组以上，方向较零乱	内应力

续表

裂隙类型与级别		宽度	长度(L)	密度	切割性	裂隙形态特征	成因
显微裂隙	A 类裂隙	>5μm	L>10mm	—	—	肉眼能清晰辨认	—
	B 类裂隙	≥5μm	1mm<L≤10mm	—	—	连续较长	—
	C 类裂隙	<5μm	300μm<L≤1mm	—	—	有时断时继延伸	—
	D 类裂隙	<5μm	L≤300μm	—	—	延伸较短，不连续	—

（据蔚远江，2002）

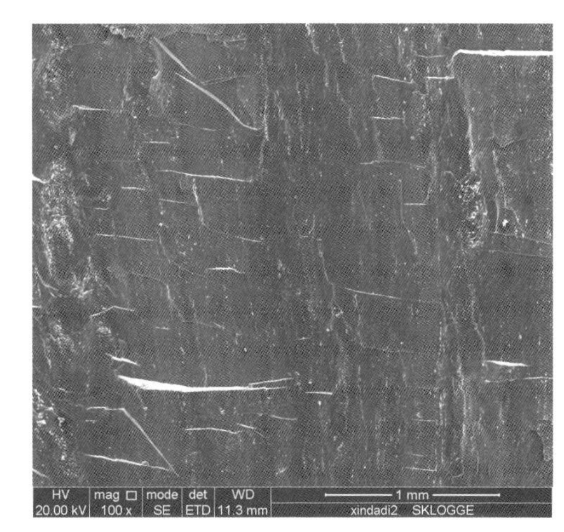

图 3-7　15＃煤割理 SEM 特征

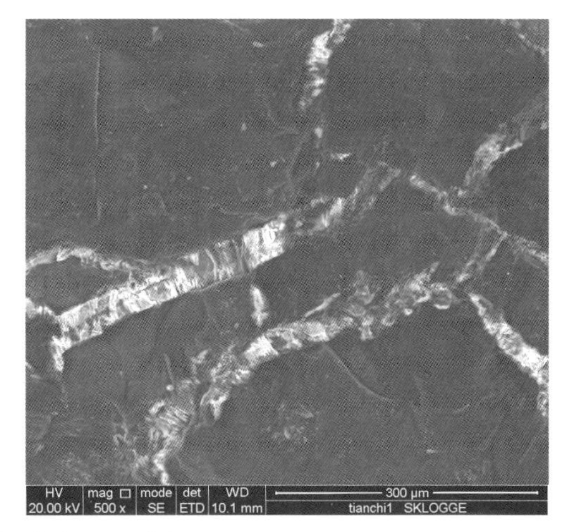

图 3-8　15＃煤局部裂缝 SEM 特征

a. 样品全貌，致密，微孔隙不发育，割理发育，C_3t，360m

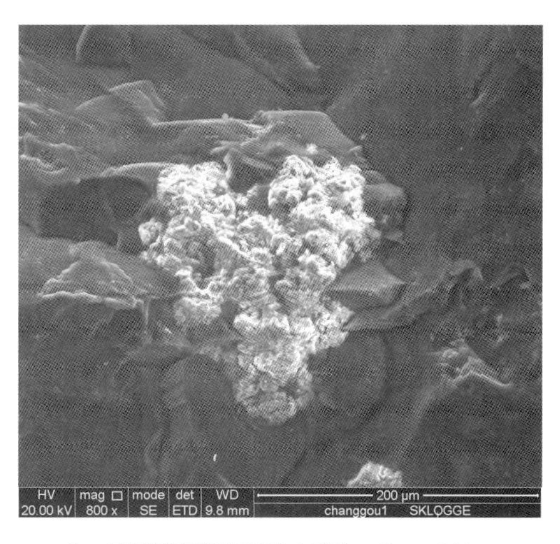

b. 局部填充高岭石黏土矿物，C_3t，360m

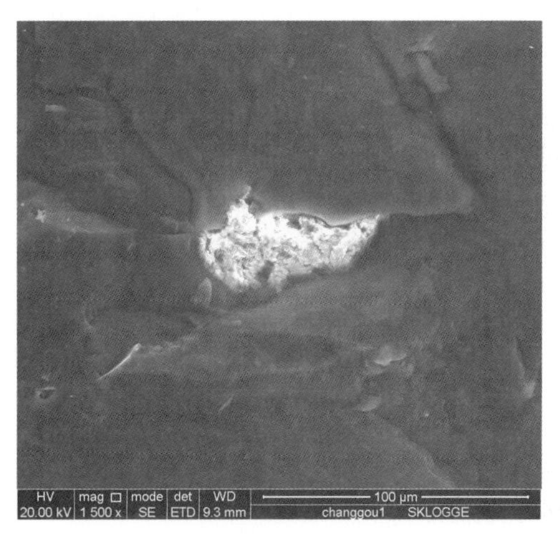

c. 原生孔充填高岭石，C_3t，360m

d. 割理发育，C_3t，360m

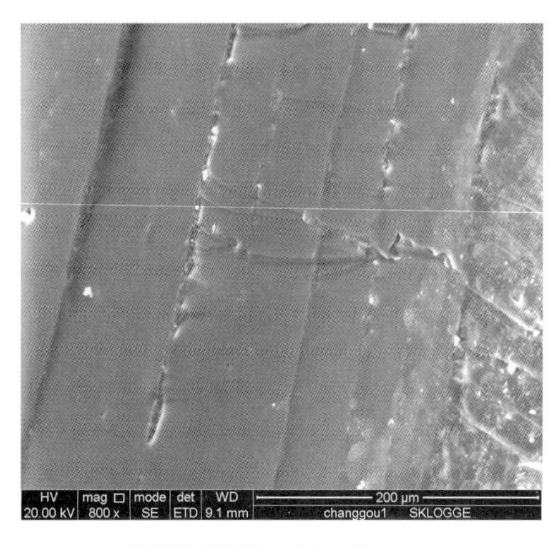

e. 微裂孔充填黏土矿物，C_3t，360m

f. 六角板状集合体层书页状结构，C_3t，360m

图 3-9　CG1＃SEM 图版

3.3　煤岩显微结构测试与分析成果

(1)对和顺采集的 33 块煤岩样的显微组分和镜质组平均最大反射率进行了定量测试，测试结果表明：显微组分主要由镜质组、惰质组及少量矿物质组成。太原组 15 号煤层镜质组含量为 78.879%～89.239%，主要分布区间为 85%～90%，平均 86.679%，显微组分的分布趋势表明，太原组生气潜力较大。惰质组含量为 9.66%～19.89%，主要分布区间为 10%～15%，平均 12.309%；矿物质含量为 0.58%～1.52%，主要分布区间为 0.5%～1.5%，平均 1.03%。根据镜质组最大反射率判断该 15 号煤岩样为高煤级烟煤，变质阶段为Ⅷ的贫煤和变质阶段为Ⅶ的瘦煤。

(2)对采集的 4 个煤矿的 36 个样品进行了岩石薄片的鉴定，描述了煤岩样和顶板样的显微组分特征、孔隙显微结构特征。结合扫描电镜分析为每个样品进行了综合定名。

(3)采用普通显微镜与扫描电镜观察相结合的方法，对沁水盆地 4 个矿区采集的 35 个样品(33 个煤岩样和 2 个顶板样)，进行了详细的显微孔隙系统的观察描述，结果表明：煤中存在的显微孔隙按成因可粗略分为微气孔、生物组织孔、粒间孔、晶间孔、溶蚀孔、微裂缝等。太原组 15 号煤层普遍发育两组内生割理，煤岩样割理发育。局部发育有裂缝，裂缝有的完全充填，有的部分充填，有的未充填，宽约几微米到几十微米。局部微气孔发育，微气孔直径约几微米，沉淀铁镁方解石，或局部填充高岭石黏土矿物。顶板岩样分别为细－中粒高岭石化岩屑砂岩和生物碎屑泥质－粉晶灰岩。

第 4 章 煤层气储层岩石物理的实验测试与分析

4.1 煤岩样品的制样

选择沁水盆地和顺地区煤层气有利区带，在收集、分析研究区煤矿资料的基础上，选择和顺地区 XDD 煤矿、TC 煤矿、ZB 煤矿、CG 煤矿等采集了煤岩和顶、底板样品，提供给实验室进行岩石物理参数测试，获得煤层气研究区具有代表性的岩石物理参数，通过对煤岩样的岩石物理性质测试，分析岩石物理参数的变化规律，为研究地区煤层气储层研究提供岩石物理基础。

本次实验所研究的煤岩样主要取自沁水盆地和顺地区的煤矿。研究区内共发育煤层 14 层，山西组 6 层，从上而下编号为 1～6 号煤层，太原组共 8 层，编号为 8～15 号，山西组 3 号煤层和太原组 15 号煤层在该区地层中分布较稳定，是产煤的主力层，也是该区煤层气勘探的主要目标层。而 15 号煤层比 3 号煤层可采性更高，因而本次采集的煤岩样主要为太原组 15 号煤层。

太原组 15 号煤层在本次研究区域内分布最广，稳定性最高，煤层厚度为 3.15～6.94m，平均厚度约为 5.57m，煤层中夹矸情况各异，夹矸层数为 0～5 层，因而该煤层简单、中等、复杂结构均存在，煤层变质程度较高，属于高煤阶煤中的贫煤－无烟煤级别，煤层顶板多为泥岩、砂质泥岩、粉砂岩，煤层底板多为铝质泥岩。

按照实验要求，在实验室内对大块煤岩样进行钻、切、磨，制样过程中尽可能降低钻机转速，以减少人为扰动影响。对大块煤岩样在室内钻样时沿三个相互垂直的方向钻取煤岩样，尽量按垂直和平行煤层和岩层层理三方向取样。对钻取的煤岩样进行加工处理，切、磨制成符合测试要求的样品。测试样品尺寸规格为 Φ50mm×100mm。

由于采集煤岩样的层理、节理非常发育，各种微孔隙、裂隙较多，且分布不均匀，呈现明显的非均质特性，煤强度低，相对比较软，易破碎，因此，煤的取样、制样十分困难，实验室制样时尽量减少人为的影响，加工后煤岩样直径、平整度、光洁度、平行度较好，制成煤岩样 114 块，高度为 50～100mm，基本能达到岩石物理实验规范标准。

加工后的煤岩样和顶、底板岩样见图 4-1 和图 4-2。

4.2 岩石物理参数的测试方法和仪器

4.2.1 测试方法

煤岩样速度是在“MTS(mechanical test system)岩石物理参数测试系统”上采用透

射方法进行测量的(如图 4-3 所示)，即用直径 50mm 的发射探头发射一个中心频率为 500kHz 的超声波脉冲，测量该脉冲透过煤岩样到达接收探头的纵横波初至时间；减去纵横波在发射探头和接收探头内的传播时间(即零时)，获得纵、横波实际透过煤岩样的传播时间。根据纵横波的传播时间和煤岩样长度即可计算出超声波穿过煤岩样的纵横波速度。每次实验测试前，对所使用的探头都要采用发射探头和接收探头对接方式，精确标定纵横波的零时，以保证准确测量煤岩样纵横波速度。

图 4-1　加工后的部分煤岩样

图 4-2　加工后的部分顶、底板岩样

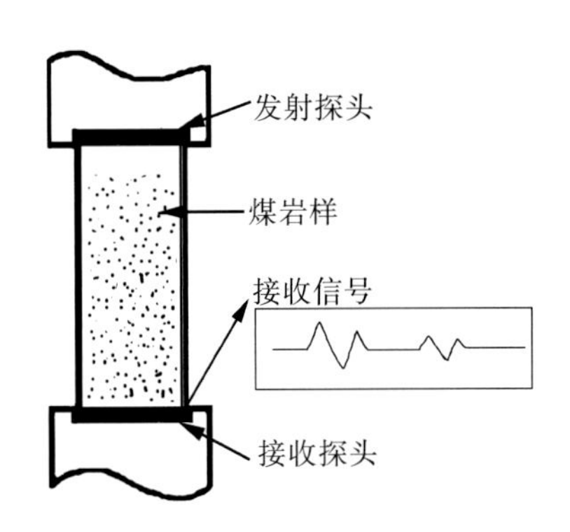

图 4-3　超声波速度测量原理示意图

煤岩样的力学性质测试也是在“MTS 岩石物理参数测试系统”上与声波速度测试在相同的实验环境条件下同时进行的。

4.2.2　实验测试仪器设备

针对煤层气储层岩石物理实验的要求，对成都理工大学的“MTS 岩石物理参数测试系统”进行了改造。升级了该系统压力环境的软件系统和控制系统。该系统由数字电液伺服刚性岩石力学试验子系统、岩石超声波测量子系统以及岩石孔隙体积变化量和渗透率测试子系统三大部分构成。该系统可以达到的测试条件为：最高轴压：1000kN；最高围压：140MPa；最高孔压：70MPa；最高环境温度：200℃；系统可在温度、压力(轴压、孔压、围压)组合控制条件下测试岩石力学参数、超声波参数(P、S_1、S_2波速)、储层参数(渗透率、孔隙度)。该系统可以完成模拟各种地层条件(<6000m)下煤岩样品超声波、岩石力学等各项参数的测试，从而初步建立了针对煤层气储层煤岩在地层条件下的测试技术。条件控制传感器类型及精度：轴向荷载传感器，量程有 100kN 和 1000kN 两档，测量误差<1%；围压传感器，140MPa，测量误差<1%；孔压传感器，70MPa，测量误差<1%；轴向位移传感器，−50～+50mm，位移分辨精度 0.0001mm。系统的基本控制原理如图 4-4 所示。

该设备上配置有高精度压力、位移、温度等传感器和超声波换能器；由计算机程序进行试验条件控制和数据采集。

4.2.3　煤岩样超声波测试系统

在 MTS 岩石物理参数测试系统中，超声波测试实验是其关键性的功能。超声测试子系统可以在单轴加载、三轴加载以及控制岩石样品的孔隙压力、温度等条件下，用中心频率为 1MHz 或 500kHz 的超声波对岩样进行测试，由测试结果计算出纵、横波速度，误差不超过 0.5%。超声波测试系统的组成如图 4-5 所示。

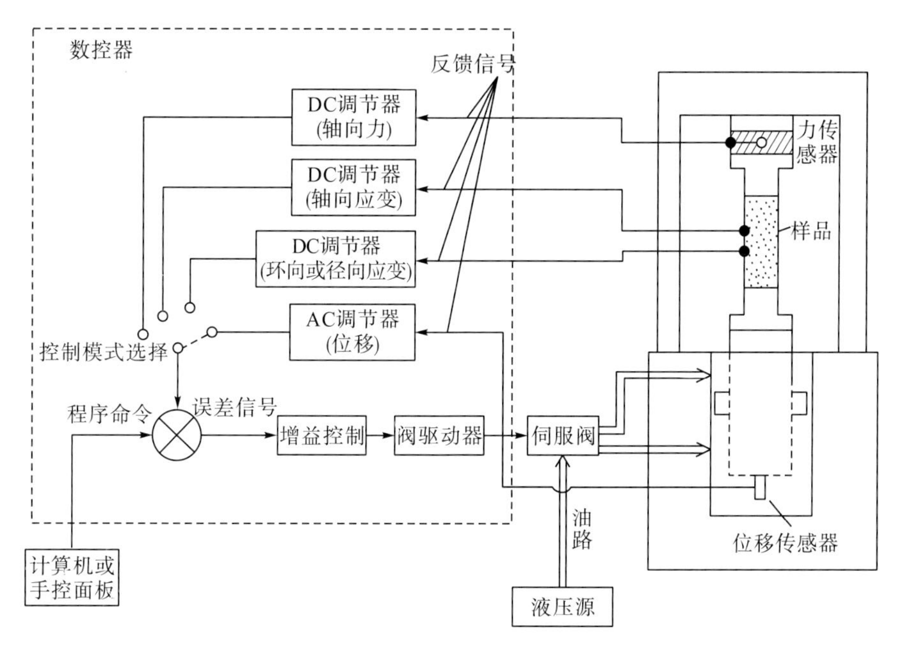

图 4-4　MTS 岩石物理参数测试系统的控制系统示意图

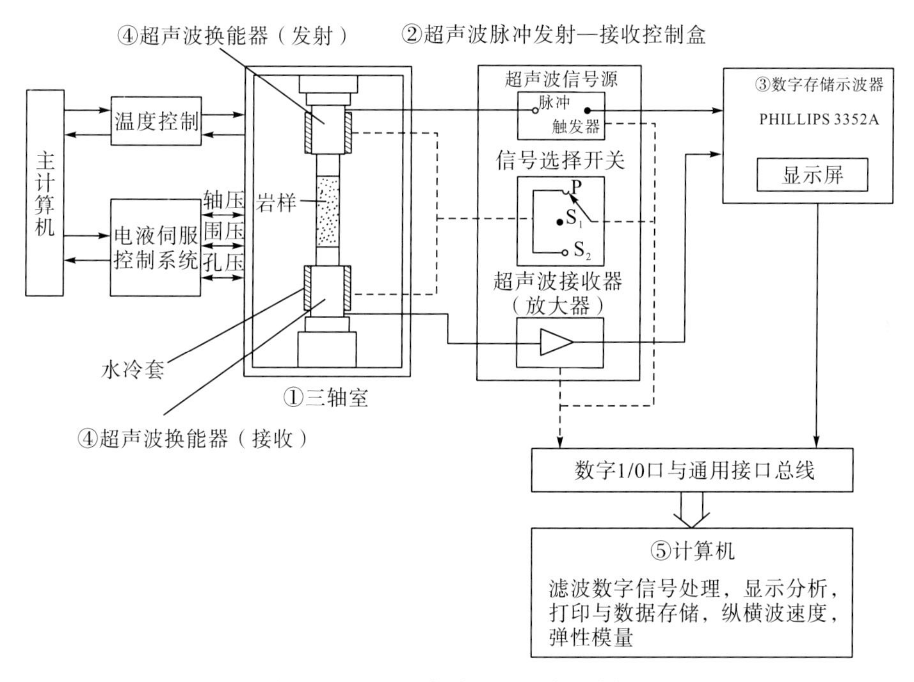

图 4-5　MTS 超声波测试系统组成框图

超声波测试系统主要分为以下五部分：

1）三轴室

三轴室为煤岩样提供轴压、围压、孔压及高温的试验环境。超声波发射与接收换能器分别安装在三轴室内煤岩样上下端的固定机座上，通过耐温耐压的密封底座将超声波换能器的发射与接收信号以及发射(接收)P 波、S_1 波、S_2 波的转换控制信号线与外部连通。三轴室内传压、传热介质为硅油。

2)超声波脉冲发射−接收控制盒

该部分的主要功能特点：

(1)为超声波发射换能器提供峰值为−250～−850V可调的激励脉冲电压。根据试样的不同规格及材料，选择不同的激励信号电压，以确保测试达最佳效果。

(2)接收、放大由超声波接收换能器输出的电信号。放大器的增益分别为：−20dB、−10dB、0dB、+10dB、+20dB、+30dB、+40dB、+50dB，可调节以适应不同强弱的输出信号。

(3)控制超声波发射与接收换能器发射、接收纵波或横波的转换，分别完成煤岩样的纵横波速度的测试。

(4)超声波发射−接收模式转换控制开关。

3)PHILLIPS PM3352A 数字存储示波器

该部分主要功能是显示所选择的由超声脉冲发生−接收器输入的通过煤岩样的透射波信号，并以数字方式存储这些信号，再通过 National Instruments AT-GPIB 接口接入计算机以作进一步处理。

4)组合式超声波换能器

超声波换能器是本系统的核心部分，它分为超声波发射换能器与超声波接收换能器，发射换能器将超声电脉冲信号转换为超声机械能去激震煤岩样；接收换能器则与此相反，它将通过煤岩样的弹性波(机械能)转换为电信号，供后续电路处理。

这种组合式超声换能器内部，由能分别激发(接收)纵波和两个同轴但偏振方向相互垂直的横波(即 S_1 波，S_2 波)的石英晶片组合而成。这为测试煤岩样中的纵波与各向异性煤岩样的两个横波速度提供了有利条件。通过超声脉冲发射−接收控制盒的手动开关，或通过计算机软件可分别控制发射(接收)纵波或两个横波(S_1 波，S_2 波)。

超声波换能器中心频率为500kHz。

该组合式超声换能器的最大特点是它可以承受轴向力1000kN和围压140MPa，以及在有冷却装置条件下的200℃高温环境。

5)计算机

计算机是MTS超声测试系统的核心控制部分，主要作用是记录和处理测试数据。根据记录的波至时间和波形特征可求得纵横波速度和衰减。

煤岩样测试波速按如下公式计算：

波速=样品长度/声波走时(式中走时为减去探头零时后的走时值)。

精度计算如下：时间精度优于0.02μs，样品走时设为10μs，即时间分辨精度优于0.2%(0.02/10)。

长度测量使用精度为0.02mm的游标卡尺，煤岩样两端面不平行度误差不超过0.05mm，样品长度为47～102mm，长度精度优于0.5%。

超声波测试记录如图4-6所示。

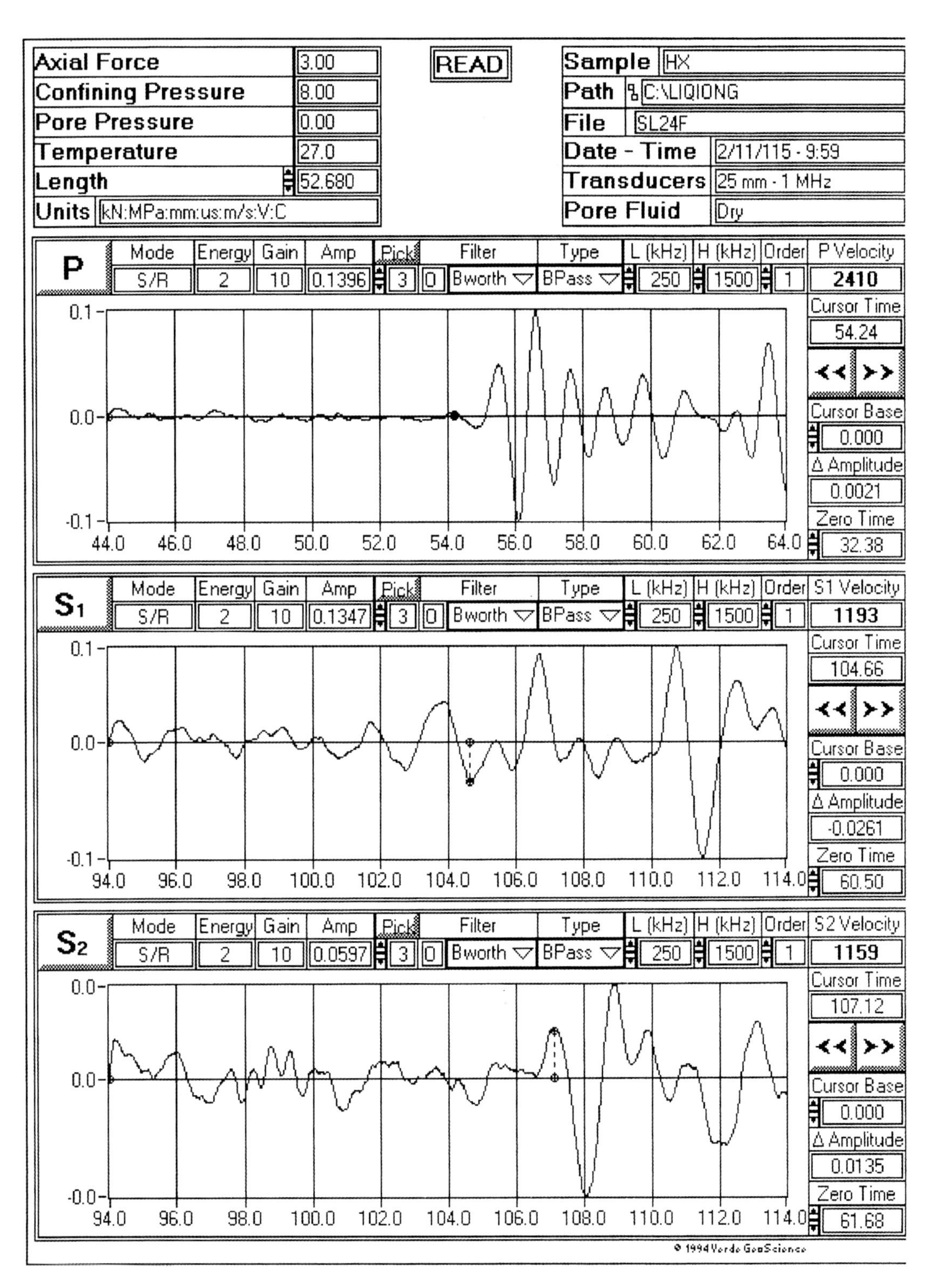

图 4-6　MTS 煤岩样超声波测试记录图

4.3　煤岩样储层物性参数的测量

煤岩样储层物性参数测量包括煤岩密度、孔隙度、渗透率。测试煤岩样的密度和孔隙度采用实验室常规测试方法。

实验测量煤岩样密度和孔隙度时，首先将煤岩样在烘箱中持续烘干，在烘干燥后称其在空气中的重量 G，然后将煤岩样在无水乙醇中经 72 小时(负 1 个大气压下间断抽真空)完全饱和后称岩样在无水乙醇中的重量 W_a 和完全饱和无水乙醇后在空气中的重量 W_g，通过下列公式计算出煤岩样的密度和孔隙度。

煤岩样总体积 $V=(W_g-W_a)$/无水乙醇的密度；

煤岩样孔隙体积 $V_\phi=(W_g-G)$/无水乙醇的密度；

煤岩样孔隙度 $\Phi= V_\phi/V\times100$；

煤岩样密度 $\rho= G/V$。

测量煤岩样渗透率时使用的是 STY-2 型气体渗透率仪，测试原理基于达西定律，渗透率测试中采用的气体为氮气，通过测量气体(氮气)在一定压差(P_1-P_2)条件下通过岩样的流量 Q_0、岩样的长度 L，直径 D，以及气体黏度 μ 和测试环境的气压条件 P_0，测试的值即为氮气在压力差作用下通过煤岩样的难易程度。气体的渗透率计算公式如下：

$$K=\frac{2P_0Q_0\mu L}{A(P_1^2-P_2^2)} \tag{4-1}$$

式中，P_1为测试岩样进口端的气体压力；P_2为测试岩样出口端的气体压力(在一般测试条件下 $P_2=P_0$)；P_0为测试时的大气压；Q_0为在大气压 P_0时的气体体积流量；μ 为气体黏度；L 为岩样长度；A 为岩样横截面积。

煤岩样的密度、孔隙度、渗透率是在成都理工大学油气藏地质及开发工程国家重点实验室完成的测试。

4.4　煤岩样声学和力学参数的测试

4.4.1　煤岩样声学参数的测试

实验煤岩样采集深度较浅，范围为 226～370m。煤岩样声学参数测试主要为样品常温常压饱气、变围压测试，由于温度变化较小，主要模拟地层压力环境进行测试。

常温常压下的纵横波速度测试，即是在通常室温、零围压条件下测量煤岩样的纵横波速度。完成典型煤岩样常温常压下岩样纵横波测试的样品数为 45 个。

地层压力条件下纵横波速度的测试，主要为模拟地层压力环境下测试煤岩样的纵横波速度。共完成 45 块煤岩样在地层压力环境条件下的纵横波速度测试。

4.4.2　地层环境的实验室模拟

通过在实验室模拟地下某一深度处的地层温度、压力环境，可以得到地下某一深度地层环境中岩样的实际测量值。

1)地层温度的模拟

一般地层温度随着埋藏深度 H 的增加线性增加:

$$T = T_0 + \mathrm{d}T \cdot H \tag{4-2}$$

式中,温度 T 的单位为℃;T_0 为地表温度,单位为℃;$\mathrm{d}T$ 为地温梯度,单位为℃/m;深度 H 的单位为 m。根据“和顺区普查勘探地质报告”的井温测井可知,平均地温梯度为 0.58℃/100m,表明为地温正常区。

2)地层压力的模拟

地层压力是地下岩层所承受的力,又称地应力。地下岩石要承受垂直和水平两个方向的力和岩石孔隙内部流体压力(即孔压)的作用。煤岩在地下地层中,主要受上覆地层岩石的压力和地层中孔隙流体的压力,煤岩实际受到的压力为上覆地层岩石的压力和孔隙流体压力的综合作用,一般用有效压力来表示,实验室测试的有效压力为上述两种压力之差。根据研究区煤层深度分布,本次实验模拟的深度约为 1000m 埋深,有效压力设计测试到 20MPa,实验设置了 6 个压力测点来测试煤岩样在不同压力(围压)条件下的纵、横波速度,以确定压力对岩样纵横波速度的影响。轴压为 5kN,温度范围为 25~31℃。

在达到地层压力后,选择部分煤岩样进行静力学测试。以等轴向位移速率控制施加轴向荷载,直到试样破坏,在施加轴向荷载(偏应力)的过程中,轴向和环向引伸计同时记录各级应力下的轴向和横向应变,同时,测试 3~5 个压力点的煤岩样纵横波速度。试验最终可获得的岩石力学参数有:极限抗压强度、静杨氏模量和静泊松比。

4.5 煤岩样的岩石物理测试结果与分析

4.5.1 煤岩样纵横波速度与储层物性的关系分析

1. 煤岩样密度、孔隙度、渗透率分析

煤岩样的密度、孔隙度、渗透率等实验测试数据的统计结果见表 4-1。通过表 4-1 的实验测试的统计结果和图 4-7 可知:煤岩样的密度的最小值、最大值、平均值分别为 1.19g/cm^3、1.53g/cm^3、1.33g/cm^3;顶板样的密度的最小值、最大值、平均值分别为 2.41g/cm^3、2.59 g/cm^3、2.48g/cm^3;底板样的密度的最小值、最大值、平均值分别为 2.16g/cm^3、2.69g/cm^3、2.52g/cm^3。煤岩样孔隙度的最小值、最大值、平均值分别为 3.91%、16.11%、10.70%;顶板样孔隙度的最小值、最大值、平均值分别为 0.42%、6.35%、3.97%;底板样孔隙度的最小值、最大值、平均值分别为 0.72%、2.88%、1.55%。煤岩样渗透率的最小值、最大值、平均值分别为 0.0852md、0.8356md、0.4140md;顶板样渗透率的最小值、最大值、平均值分别为 0.012md、0.449md、0.192md;底板样渗透率的最小值、最大值、平均值分别为 0.0044md、0.0359md、0.0199md。

表 4-1　沁水盆地和顺地区煤岩样密度、孔隙度、渗透率统计表

岩性	分析项目	岩石密度/(g/cm³)	孔隙度/%	渗透率/md
煤岩样	最小值	1.19	3.91	0.0852
	最大值	1.53	16.11	0.8356
	平均值	1.33	10.70	0.4140
顶板样	最小值	2.41	0.42	0.012
	最大值	2.59	6.35	0.449
	平均值	2.48	3.97	0.192
底板样	最小值	2.16	0.72	0.0044
	最大值	2.69	2.88	0.0359
	平均值	2.52	1.55	0.0199

由测试结果可知煤层与顶、底板岩层的物性特征具有明显差异，主要体现在以下几点：①煤层密度小于顶、底板岩层密度；②煤层渗透率大于顶、底板岩层；③煤层孔隙度大于顶、底板岩层。对它们进行分析可知：煤岩样和底板样之间的物性差异大于煤岩样和顶板样之间的物性差异，因而我们可以依据物性差异去区分煤层和顶、底板岩层。

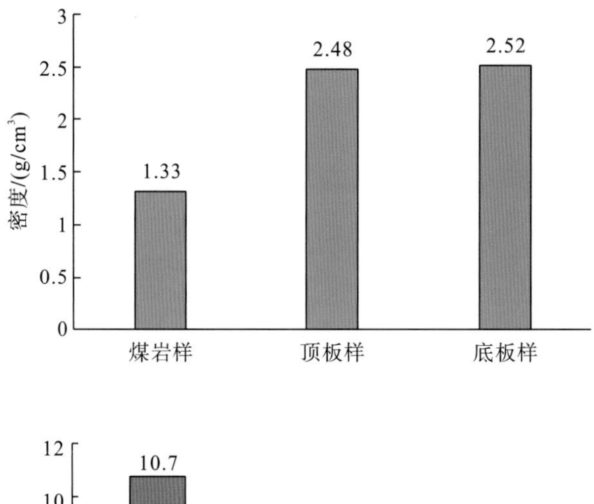

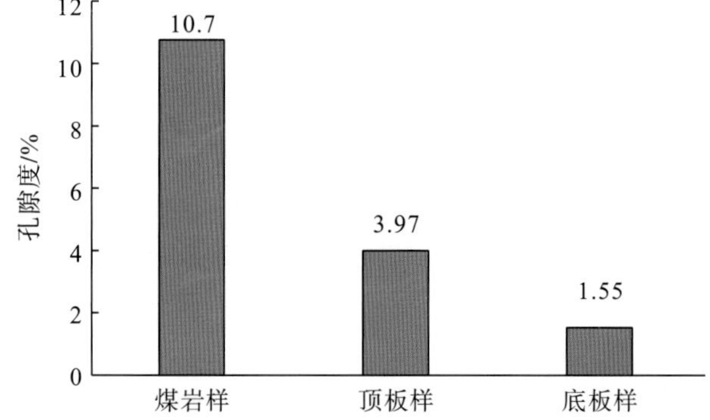

图 4-7　煤岩样密度、孔隙度、渗透率均值分布图

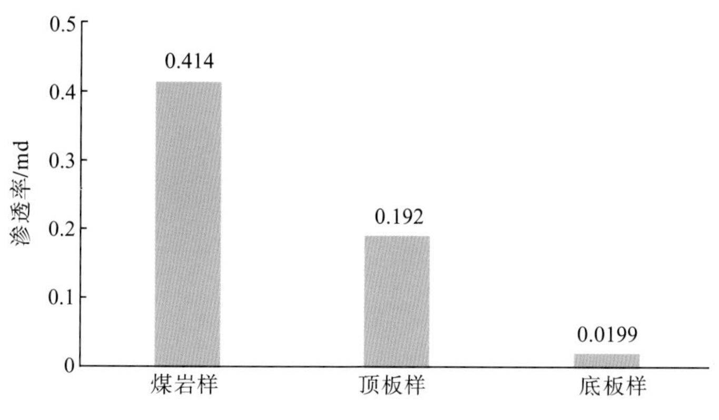

图 4-7　煤岩样密度、孔隙度、渗透率均值分布图(续)

2. 煤岩样纵横波速度与密度、孔隙度的关系分析

1)煤岩样纵横波速度测试结果统计与分析

煤岩样常温常压下纵横波速度实验测试数据的统计结果见表 4-2。纵横波速度的均值分布见图 4-8。

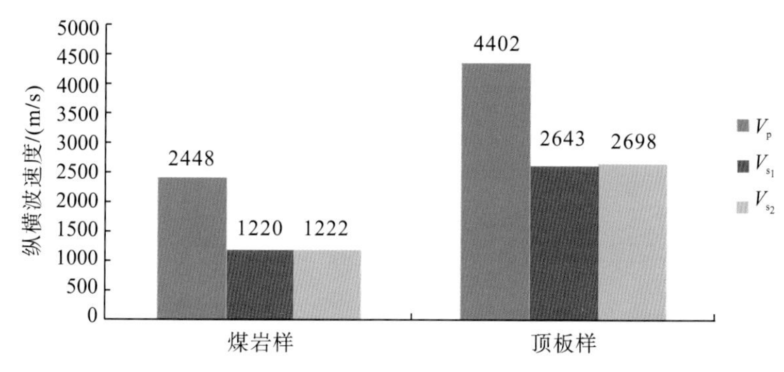

图 4-8　煤岩样纵横波速度均值分布

分析表 4-2 的实验测试结果可知，煤岩样的纵波最小速度为 2141m/s，最大速度为 3070m/s，平均速度为 2448m/s；横波 S_1 和 S_2 的最小速度分别为 1018m/s 和 1013m/s，最大速度为 1523m/s 和 1482m/s，平均速度为 1220m/s 和 1222m/s。顶板样的纵波最小速度为 3847m/s，最大速度为 5341m/s，平均速度为 4402m/s；横波 S_1 和 S_2 的最小速度分别为 2398m/s 和 2432m/s，最大速度为 3178m/s 和 3169m/s，平均速度为 2643m/s 和 2698m/s。煤岩样的纵横波速度明显低于顶板岩样，纵横波速度只有顶板样的 56% 和 46%。

表 4-2　煤岩样纵横波速度统计表（常温常压下）

岩样	分析项目	V_P/（m/s）	V_{S_1}/（m/s）	V_{S_2}/（m/s）	样品数
煤岩样	最小值	2141	1018	1013	30
	最大值	3070	1523	1482	
	平均值	2448	1220	1222	

续表

岩样	分析项目	V_P/（m/s）	V_{S_1}/（m/s）	V_{S_2}/（m/s）	样品数
顶板样	最小值	3847	2398	2432	6
	最大值	5341	3178	3169	
	平均值	4402	2643	2698	

2)煤岩样速度与密度之间的相关关系分析

图 4-9 为煤岩样的纵横波速度与密度的相关关系，图中的横波速度为两横波速度的平均。从图中可以看出，煤岩样的纵横波速度随着密度的增加而增大，两者之间存在一定的幂指数相关关系。

煤岩样纵波速度与密度之间的经验关系对于指导研究区煤层气地震勘探研究，如为合成地震记录提供缺失的声波或密度曲线、异常岩性信息等提供了实验依据。Gardner 等(1974)通过各种岩性所作的速度－密度交会图，提出了著名的 Gardner 速度－密度平均转换关系式(4-3)。这个关系式是基于所有岩性的拟合。

$$\rho = 0.23V^{0.25} \tag{4-3}$$

式中，ρ 为密度，单位 g/cm³；V 为纵波速度，单位 ft/s。

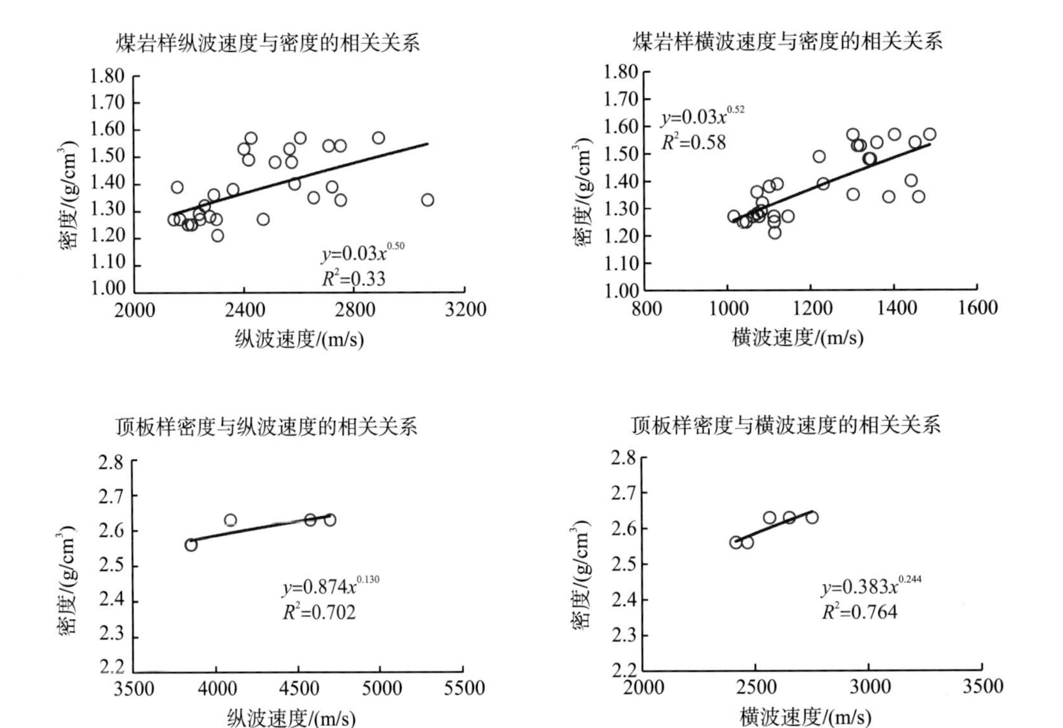

图 4-9　煤岩样纵横波速度与密度之间的关系

根据煤岩样测试结果和煤岩样纵波速度与密度的相关关系，建立了类似 Gardner 公式的纵波速度与密度的平均关系式，为研究区的纵波速度与密度的模型建立提供了实验依据。

常温常压下，煤岩样纵波速度与密度的平均转换关系式为

$$\rho = 0.03V_{\mathrm{P}}^{0.50} \tag{4-4}$$

常温常压下，顶板样纵波速度与密度的平均转换关系式为

$$\rho = 0.874\ V_{\mathrm{P}}^{0.13} \tag{4-5}$$

式(4-4)～式(4-5)中，ρ 为密度，单位 g/cm^3；V_{P} 为纵波速度，单位 m/s。

3)煤岩样纵横波速度与孔隙度之间的相关关系分析

图 4-10 为煤岩样的纵横波速度与孔隙度的相关关系。从图中可以看出，煤岩样纵横波速度随着孔隙度的增加有变小的趋势，但两者之间的相关性很差。顶板样的纵横波速度随着孔隙度的增加而变小，两者之间存在较好的幂指数相关关系。

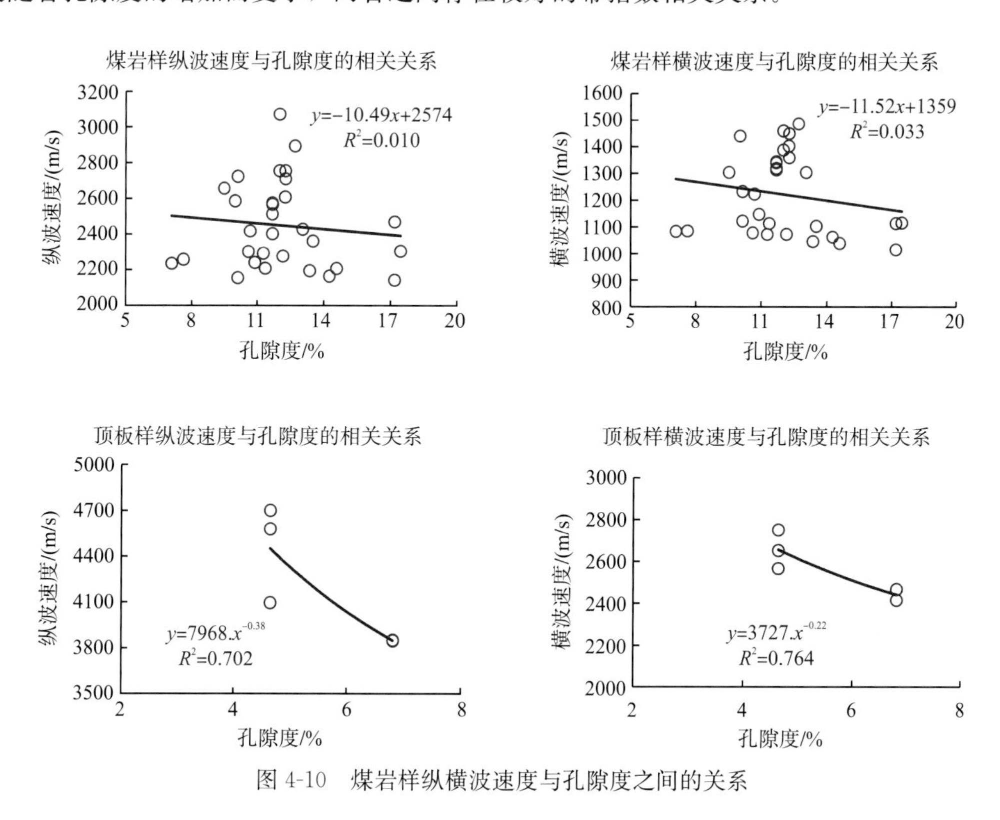

图 4-10　煤岩样纵横波速度与孔隙度之间的关系

4.5.2　煤岩样纵横波速度与地层压力的关系分析

1. 纵横波速度与压力变化的相关分析

根据课题研究的需要，实验测试了 45 块煤岩样与深度对应地层压力条件下的纵横波速度，获得 41 块煤岩样的测试数据，另有 4 块煤岩样因实验过程中破裂或波形较差未采用。测试煤岩样主要取自沁水盆地和顺地区，样品的埋藏深度为 200～400m，深度较浅，模拟地层压力为 6～7.3MPa。研究区的 15 号煤层的埋深在 1000m 之内，实验模拟的最高压力设计为 20MPa，在加压过程中，测试了 0MPa、3MPa、地层压力、10MPa、15MPa、20MPa 共 6 个压力点。

实验测试结果表明，煤岩样的纵横波速度都随着压力的增大而增加。图 4-11 列举了部分煤岩样在常温下纵横波速度与压力变化的关系，多数煤岩样的纵横波速度与压力之间都存在较好的二次多项式关系，相关系数平方都在 0.95 以上。

表 4-3、表 4-4 列出了煤岩样和顶板样的压力－速度方程。它们表示了煤岩样在常温下压力从常压变化到 20MPa 地层压力条件下纵横波速度随有效压力的变化情况及拟合方程式。实验测试结果拟合采用二次多项式，相关系数平方多数达到了 0.95 以上。根据拟合方程，通过计算可预测不同压力状态下煤岩样的纵横波速度。

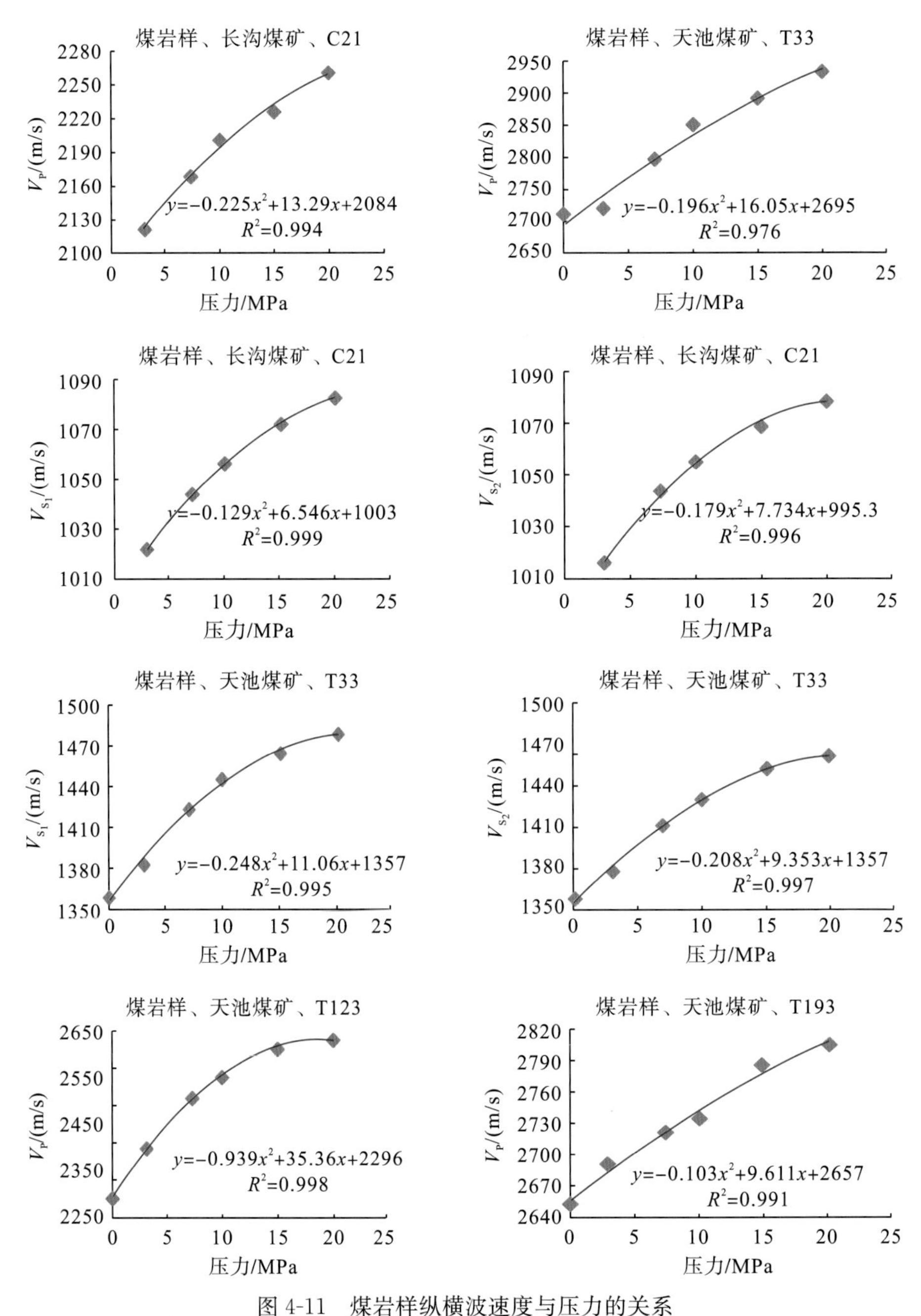

图 4-11　煤岩样纵横波速度与压力的关系

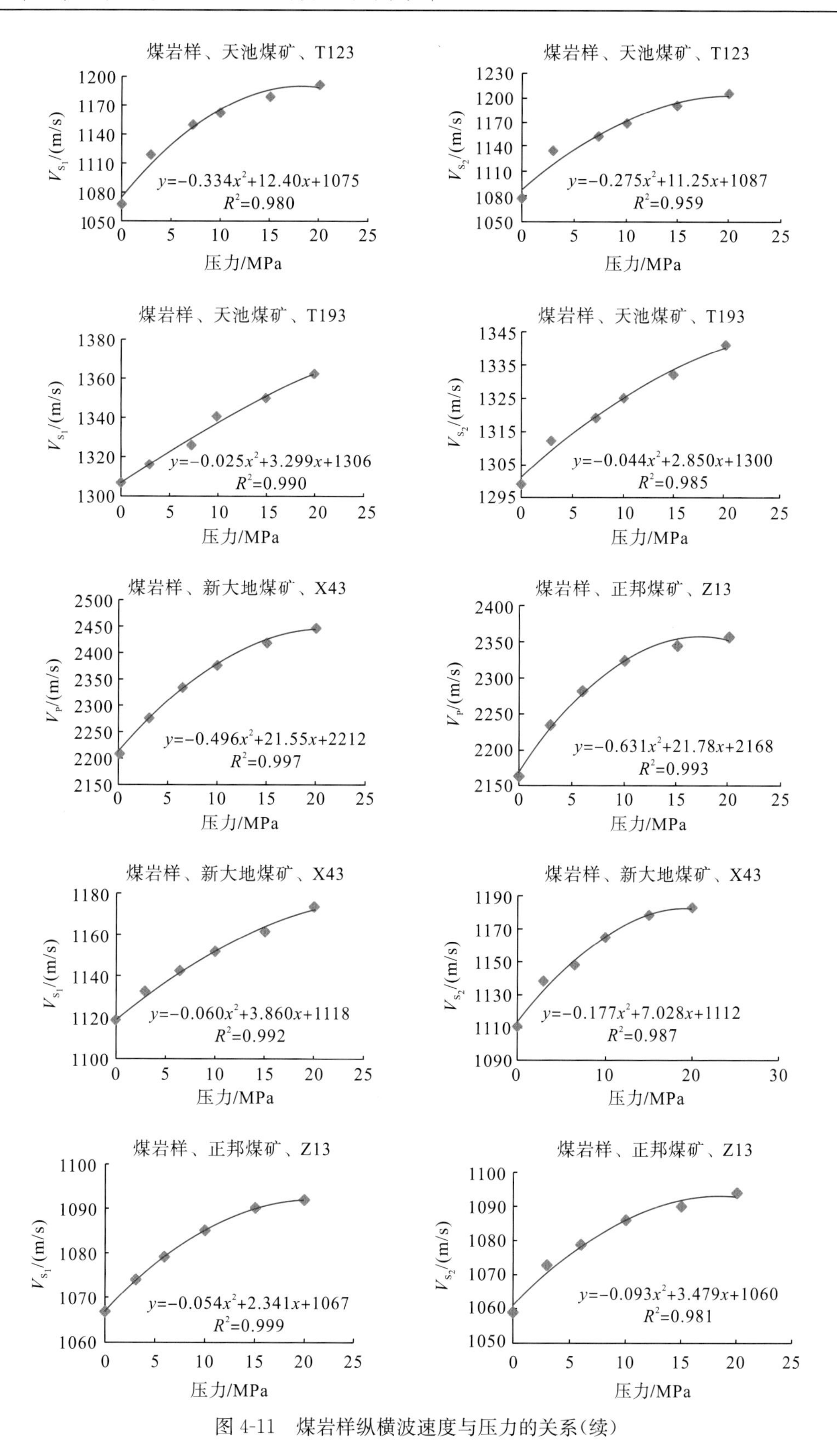

图 4-11 煤岩样纵横波速度与压力的关系(续)

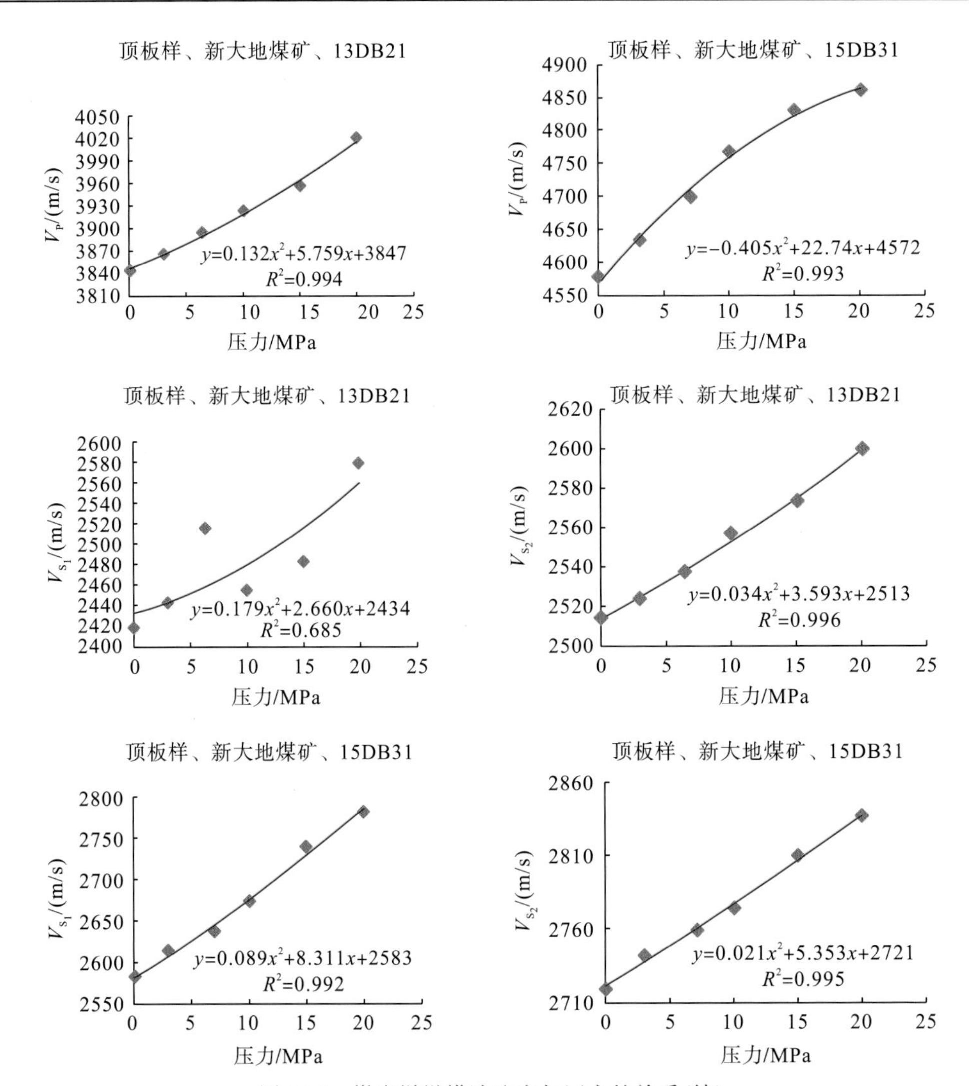

图 4-11　煤岩样纵横波速度与压力的关系(续)

表 4-3　煤岩样的压力－速度方程

序号	煤岩样编号	煤岩样埋深/m	压力－速度方程	R^2	0～20MPa 绝对变化/(m/s)	相对变化/%
1	C11	360	$V_P=0.0718P^2+0.3743P+2417.4$	0.9906	—	—
			$V_{S_1}=0.1731P^2-1.4481P+1118$	0.9834	—	—
			$V_{S_2}=0.3149P^2-5.3437P+1143.1$	0.9765	—	—
2	C21	365	$V_P=-0.2255P^2+13.29P+2084.3$	0.9941	—	—
			$V_{S_1}=-0.1292P^2+6.5464P+1003.5$	0.9993	—	—
			$V_{S_2}=-0.1796P^2+7.734P+995.33$	0.9964	—	—
3	C33	365	$V_P=0.0508P^2+7.089P+2436.7$	0.9965	—	—
			$V_{S_1}=-0.4424P^2+15.668P+1029.7$	0.9095	—	—
			$V_{S_2}=-0.1441P^2+7.1482P+1081.3$	0.9953	—	—

续表

序号	煤岩样编号	煤岩样埋深/m	压力-速度方程	R^2	0～20MPa 绝对变化/(m/s)	相对变化/%
4	X21	320	$V_P=-0.4503P^2+15.946P+2309.8$	0.9861	148	6.42
			$V_{S_1}=-0.0012P^2+2.6268P+1112.2$	0.9931	50	4.49
			$V_{S_2}=-0.0972P^2+4.7298P+1118.7$	0.9884	59	5.28
5	X43	320	$V_P=-0.0603P^2+3.8601P+1118.8$	0.9927	240	10.87
			$V_{S_1}=-0.1771P^2+7.0288P+1112.8$	0.9874	56	5.01
			$V_{S_2}=-0.001P^2+0.0476P+4.1378$	0.9943	73	6.58
6	T13	360	$V_P=-0.1959P^2+8.1345P+2364.7$	0.9806	94	3.98
			$V_{S_1}=-0.0979P^2+3.818P+1106.3$	0.9814	40	3.62
			$V_{S_2}=-0.1148P^2+4.6382P+1099.5$	0.9932	48	4.37
7	T21	345	$V_P=-1.4361P^2+50.026P+2590$	0.9793	467	18.21
			$V_{S_1}=-0.5946P^2+19.951P+1319.1$	0.9903	171	13.03
			$V_{S_2}=-0.463P^2+17.79P+1331.4$	0.9957	178	13.41
8	T23	345	$V_P=-1.15P^2+47.021P+2359.2$	0.9553	432	17.99
			$V_{S_1}=-0.3859P^2+15.69P+1303.9$	0.9951	159	12.17
			$V_{S_2}=-0.1929P^2+11.204P+1314.6$	0.9913	143	10.84
9	T31	350	$V_P=-0.0815P^2+6.5976P+1493$	0.9679	—	—
			$V_{S_1}=0.1316P^2-1.0881P+1476.4$	0.9122	—	—
			$V_{S_2}=6E-05P^2+0.0412P+9.0891$	0.9624	—	—
10	T32	350	$V_P=-1.4157P^2+44.083P+2745.8$	0.9919	317	11.51
			$V_{S_1}=-0.1377P^2+6.9245P+1453.2$	0.9889	87	5.99
			$V_{S_2}=-0.221P^2+9.5425P+1450$	0.9978	105	7.25
11	T33	350	$V_P=-0.2485P^2+11.062P+1357.2$	0.9959	225	8.30
			$V_{S_1}=-0.2086P^2+9.3535P+1357$	0.9979	119	8.75
			$V_{S_2}=-0.0023P^2+0.1121P+7.5425$	0.9945	101	7.43
12	T41	355	$V_P=-0.4782P^2+20.948P+2580.1$	0.9937	237	9.21
			$V_{S_1}=-0.3297P^2+11.601P+1335.7$	0.9445	114	8.60
			$V_{S_2}=-0.3609P^2+11.215P+1370.2$	0.9536	92	6.75
13	T43	355	$V_P=-0.696P^2+25.389P+2510.5$	0.9934	232	9.24
			$V_{S_1}=-0.0499P^2+4.9896P+1336.5$	0.9523	91	6.84
			$V_{S_2}=0.063P^2+2.1726P+1359.7$	0.9014	80	5.92
14	T52	340	$V_P=-0.5986P^2+21.357P+2255.1$	0.9634	211	9.42
			$V_{S_1}=-0.1136P^2+6.882P+1142.6$	0.9975	92	8.05
			$V_{S_2}=-0.246P^2+9.5782P+1147.2$	0.9883	91	7.91

续表

序号	煤岩样编号	煤岩样埋深/m	压力—速度方程	R^2	0～20MPa 绝对变化/(m/s)	相对变化/%
15	T62	345	$V_P=-0.329P^2+15.288P+2242.3$	0.9899	185	8.28
			$V_{S_1}=-0.06P^2+3.6076P+1088.1$	0.9969	49	4.50
			$V_{S_2}=-0.0976P^2+4.6383P+1076.3$	0.9899	54	5.01
16	T71	335	$V_P=-0.0948P^2+6.516P+1449.6$	0.9973	186	7.20
			$V_{S_1}=-0.1821P^2+8.8745P+1429.4$	0.9975	91	6.27
			$V_{S_2}=-0.0012P^2+0.0789P+7.3784$	0.9990	105	7.34
17	T83	340	$V_P=-0.4858P^2+17.053P+2263.9$	0.9805	160	7.09
			$V_{S_1}=-0.0908P^2+3.773P+1081.3$	0.9924	39	3.60
			$V_{S_2}=-0.0774P^2+3.5526P+1086.8$	0.9897	39	3.58
18	T93	350	$V_P=-0.1527P^2+13.764P+2601.3$	0.9938	210	8.06
			$V_{S_1}=-0.019P^2+5.6516P+1400.8$	0.9983	106	7.57
			$V_{S_2}=-0.1755P^2+8.9327P+1406.4$	0.9937	112	7.98
19	T101	355	$V_P=-0.2281P^2+12.166P+2892.4$	0.9802	158	5.46
			$V_{S_1}=0.040P^2+1.434P+1513$	0.7900	32	2.10
			$V_{S_2}=-0.060P^2+3.751P+1482$	0.9550	61	4.21
20	T113	355	$V_P=-0.7103P^2+24.537P+2441.5$	0.9724	229	9.44
			$V_{S_1}=-0.0787P^2+4.8755P+1299.9$	0.9705	66	5.07
			$V_{S_2}=0.0834P^2+3.8552P+1304.4$	0.9991	109	8.35
21	T123	355	$V_P=-0.939P^2+35.363P+2296.5$	0.9983	340	14.84
			$V_{S_1}=-0.334P^2+12.408P+1075$	0.9805	125	11.70
			$V_{S_2}=-0.2756P^2+11.254P+1087.1$	0.9594	128	11.88
22	T131	355	$V_P=-0.3566P^2+13.717P+2308$	0.9777	144	6.26
			$V_{S_1}=-0.3734P^2+9.2754P+1063.1$	0.9830	36	3.39
			$V_{S_2}=-0.1102P^2+3.823P+1093.3$	0.9833	35	3.21
23	T142	355	$V_P=-0.2755P^2+11.967P+2733.1$	0.9574	143	5.25
			$V_{S_1}=-0.3278P^2+11.043P+1228.1$	0.9821	98	8.01
			$V_{S_2}=-0.1654P^2+5.8313P+1244.9$	0.9469	58	4.68
24	T143	355	$V_P=-1.1276P^2+45.121P+2149.4$	0.9878	455	21.12
			$V_{S_1}=-0.037P^2+4.6683P+1120$	0.9950	77	6.87
			$V_{S_2}=-0.0627P^2+5.1021P+1121$	0.9868	76	6.78
25	T152	355	$V_P=0.1014P^2+0.1973P+3072.9$	0.9580	50	1.63
			$V_{S_1}=0.0991P^2-1.0882P+1436.3$	0.9627	19	1.32
			$V_{S_2}=-0.0209P^2+1.8763P+1483.2$	0.9615	32	2.16

续表

序号	煤岩样编号	煤岩样埋深/m	压力－速度方程	R^2	0～20MPa绝对变化/(m/s)	相对变化/%
26	T153	355	$V_P=-1.0765P^2+33.51P+2780.3$	0.9418	279	10.13
			$V_{S_1}=-0.634P^2+19.031P+1382$	0.9755	135	9.78
			$V_{S_2}=-0.2378P^2+8.3612P+1400.6$	0.9631	79	5.66
27	T173	350	$V_P=-0.9635P^2+33.556P+2434.8$	0.9764	313	12.94
			$V_{S_1}=-0.1318P^2+6.8669P+1231.4$	0.9980	83	6.74
			$V_{S_2}=-0.2552P^2+10.831P+1213.9$	0.9943	119	9.82
28	T181	360	$V_P=-0.1303P^2+6.4665P+2476.7$	0.9469	88	3.56
			$V_{S_1}=-0.0113P^2+2.3277P+1127.4$	0.9750	46	4.09
			$V_{S_2}=-0.08P^2+3.0993P+1102$	0.9887	31	2.82
29	T183	360	$V_P=-0.8459P^2+30.517P+2148$	0.9928	286	13.36
			$V_{S_1}=-0.2828P^2+9.6901P+1020.6$	0.9934	85	8.35
			$V_{S_2}=-0.3484P^2+11.457P+1018.4$	0.9822	98	9.67
30	T193	365	$V_P=-0.1039P^2+9.611P+2657.4$	0.9912	151	5.69
			$V_{S_1}=-0.0254P^2+3.2991P+1306.4$	0.9908	55	4.21
			$V_{S_2}=-0.0445P^2+2.8506P+1300.9$	0.9856	42	3.23
31	Z13	300	$V_P=-0.6313P^2+21.782P+2168.7$	0.9938	193	8.92
			$V_{S_1}=-0.0549P^2+2.3417P+1067.1$	0.9996	25	2.34
			$V_{S_2}=-0.0939P^2+3.4795P+1060.9$	0.9813	35	3.31
32	Z21	305	$V_P=-0.0462P^2+6.0797P+2205.6$	0.9894	105	4.76
			$V_{S_1}=-0.0377P^2+2.4834P+1038.1$	0.9842	37	3.57
			$V_{S_2}=-0.0556P^2+2.6301P+1041.4$	0.9811	33	3.17
33	Z31	310	$V_P=-0.336P^2+11.555P+2277.5$	0.9957	100	4.39
			$V_{S_1}=-0.0991P^2+4.0649P+1072$	0.9992	42	3.92
			$V_{S_2}=-0.0911P^2+3.8173P+1073.4$	0.9933	42	3.92
34	Z41	310	$V_P=-0.7801P^2+27.165P+2206.9$	0.9762	255	11.63
			$V_{S_1}=-0.5009P^2+15.026P+1061.3$	0.8864	126	12.07
			$V_{S_2}=-0.1345P^2+5.3583P+1051.2$	0.9736	59	5.63

表4-4　顶板样的压力－速度方程

序号	煤岩样编号	煤岩样埋深/m	压力－速度方程	R^2	0～20MPa绝对变化/(m/s)	相对变化/%
1	13DB21	320	$V_P=0.1323P^2+5.7596P+3847.7$	0.9948	172	4.47
			$V_{S_1}=0.1798P^2+2.6609P+2434$	0.6850	159	6.58
			$V_{S_2}=0.0346P^2+3.5938P+2513.6$	0.9968	86	3.42

续表

序号	煤岩样编号	煤岩样埋深/m	压力-速度方程	R^2	0～20MPa 绝对变化/(m/s)	相对变化/%
2	13DB23	320	$V_P=-0.0864P^2+7.5582P+2400.3$	0.9960	92	2.39
			$V_{S_1}=-0.0454P^2+6.0013P+2431.3$	0.9995	121	5.05
			$V_{S_2}=-0.0027P^2+0.178P+35.13$	0.9985	101	4.15
3	15DB23	320	$V_P=0.2158P^2+1.4361P+5343.8$	0.9775	123	2.30
			$V_{S_1}=0.0486P^2+2.0835P+3179.5$	0.9889	62	1.95
			$V_{S_2}=0.0055P^2+2.7687P+3170.1$	0.9921	58	1.83
4	15DB31	354	$V_P=-0.405P^2+22.74P+4572.6$	0.9938	284	6.20
			$V_{S_1}=0.0894P^2+8.3115P+2583.2$	0.9922	198	7.67
			$V_{S_2}=0.0217P^2+5.3534P+2721.3$	0.9959	116	4.26
5	15DB32	354	$V_P=0.1544P^2+8.9217P+4701$	0.9996	241	5.13
			$V_{S_1}=0.0742P^2+2.3562P+2728.7$	0.9665	73	2.67
			$V_{S_2}=0.0607P^2+2.1099P+2765.4$	0.9692	61	2.20
6	15DB33	354	$V_P=-0.1814P^2+14.876P+4087.3$	0.9927	213	5.20
			$V_{S_1}=-0.0175P^2+4.5366P+2547.3$	0.9974	82	3.22
			$V_{S_2}=0.0088P^2+3.5378P+2584.5$	0.9992	74	2.86

2. 压力对煤岩样纵横波速度的影响分析

表 4-5、表 4-6 和图 4-12 表示地层压力从常压变化到 20MPa 地层压力时纵横波速度的变化结果。

表 4-5　压力变化 20MPa 时煤岩样纵横波速度的变化(30 个煤岩样)

项目	V_P		V_{S_1}		V_{S_2}	
	绝对变化/(m/s)	相对变化/%	绝对变化/(m/s)	相对变化/%	绝对变化/(m/s)	相对变化/%
最小值	50	1.63	19	1.32	31	2.16
最大值	467	21.12	171	13.03	178	13.41
平均值	221	9.17	78	6.40	77	6.27

表 4-6　压力变化 20MPa 时顶板样纵横波速度的变化(6 个顶板样)

项目	V_P		V_{S_1}		V_{S_2}	
	绝对变化/(m/s)	相对变化/%	绝对变化/(m/s)	相对变化/%	绝对变化/(m/s)	相对变化/%
最小值	92	2.30	62	1.95	58	1.83
最大值	284	6.20	198	7.67	116	4.26
平均值	188	4.28	116	4.52	83	3.12

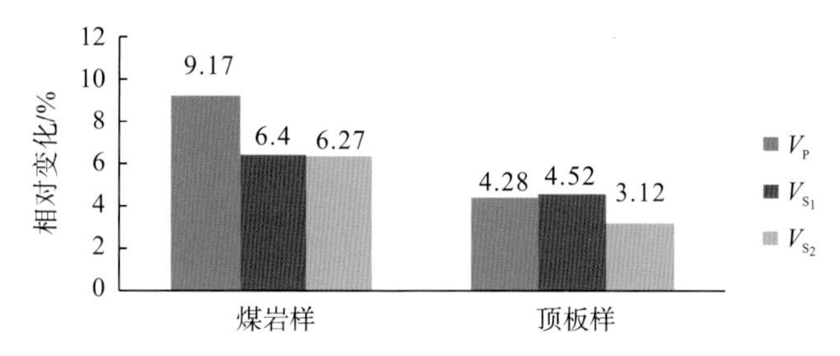

图 4-12　煤岩样从常压变化到 20MPa 压力下纵横波速度的相对变化

在常温状态下，当压力从常压变化到 20MPa 地层压力时，煤岩样的纵横波速度随有效压力的增加而增大。有效压力变化 20MPa，煤岩样纵波速度增加的最小值、最大值和平均值分别为 50m/s、467m/s、221m/s，两个横波速度增加的最小值、最大值和平均值分别为 19m/s、171m/s、78m/s 和 31m/s、178m/s、77m/s；纵横波速度的平均增加幅度分别为 9.17%、6.4%和 6.27%，纵波速度的增加度幅度略大于横波速度。

顶板样的纵横波速度随有效压力的增加而增大。有效压力变化 20MPa，顶板样纵波速度增加的最小值、最大值和平均值分别为 92m/s、284m/s、188m/s，两个横波速度增加的最小值、最大值和平均值分别为 62m/s、198m/s、116m/s 和 58m/s、116m/s、83m/s；纵横波速度的平均增加幅度分别为 4.28%、4.52%和 3.12%，纵横波速度的增加度幅度基本相同。煤岩样纵横波速度受压力变化的影响大于顶板岩样。

3. 煤岩样纵横波速度之间的关系分析

通过地层压力条件下岩样纵横波速度的测试，可以获知煤岩样纵横波之间具有较好的相关关系，并得到煤岩样纵横波速度之间的实验关系。利用已知的煤层气储层纵波速度，通过纵横波速度之间的相关关系，可以预测煤层气储层的横波速度。

通过计算和相关分析，可以得到图 4-13 所示的不同地层压力条件下纵横波速度之间的关系。它们之间的关系可由式(4-6)~式(4-11)表示。

常温常压下，煤岩样纵横波速度的关系式为

$$V_S = 0.553 \times V_P - 132.8 \tag{4-6}$$

常温地层压力下，煤岩样纵横波速度的关系式为

$$V_S = 0.58 \times V_P - 244.73 \tag{4-7}$$

常温 20MPa 压力下，煤岩样纵横波速度的关系式为

$$V_S = 0.61 \times V_P - 320.13 \tag{4-8}$$

常温常压下，顶板样纵横波速度的关系式为

$$V_S = 0.456 \times V_P + 661.7 \tag{4-9}$$

常温地层压力下，顶板样纵横波速度的关系式为

$$V_S = 0.43 \times V_P + 780.94 \tag{4-10}$$

常温 20MPa 压力下，顶板样纵横波速度的关系式为

$$V_S = 0.408 \times V_P + 894.9 \tag{4-11}$$

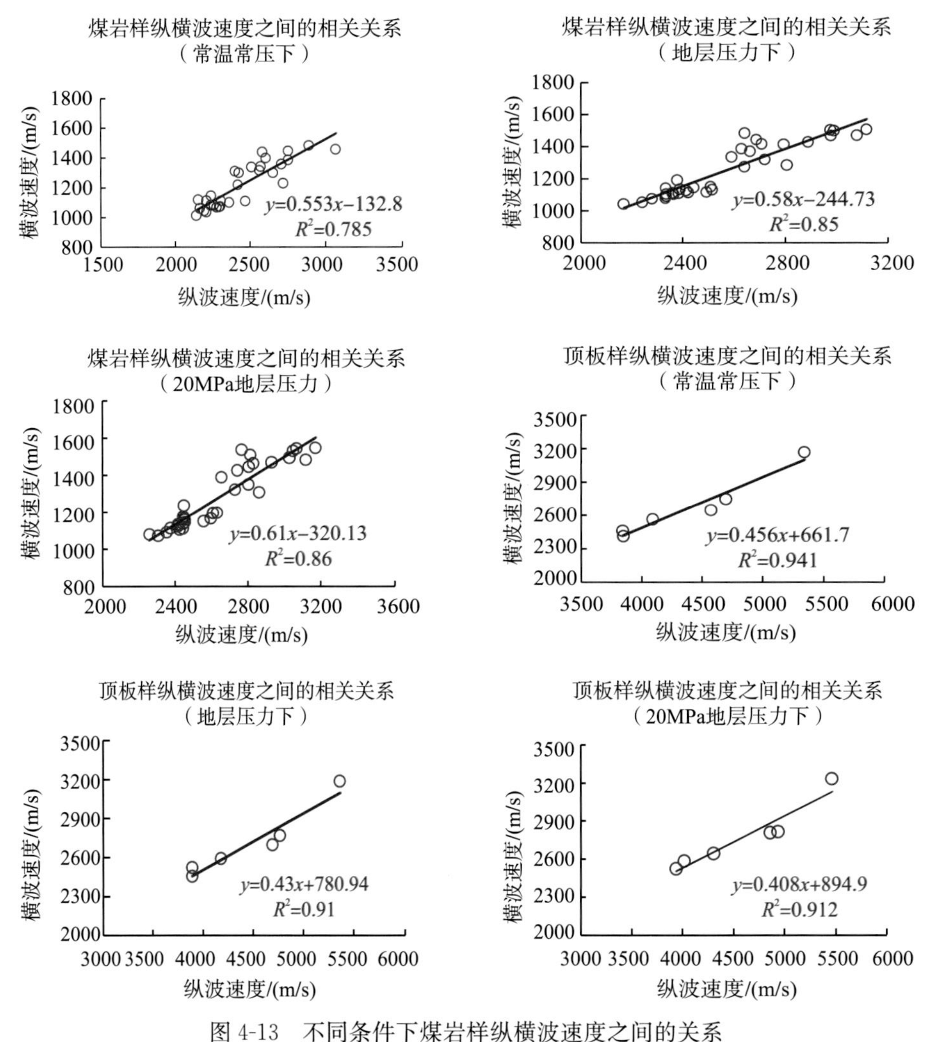

图 4-13　不同条件下煤岩样纵横波速度之间的关系

式中，V_P 为纵波速度；V_S 为两个横波速度(V_{S_1}、V_{S_2})的均值，单位为 m/s。

4.5.3　煤岩样弹性参数变化规律分析

1. 动、静弹性参数的计算

煤岩样的动弹性参数包括杨氏模量、剪切模量、体积模量、拉梅常数、泊松比和纵横波速度比。其中，①杨氏模量 E：指法向应力与沿应力作用方向引起的伸长量之比；②剪切模量 μ：是指弹性体受到剪切力作用时，剪切应力与剪切应变的比值；③体积模量(刚性模量)k：指当弹性体受均匀静压力作用时，所加压力与体积形变的比值；④泊松比 σ：指弹性体受单轴拉伸应力作用时，弹性体横向压缩应变与纵向伸长应变的比值。

动弹参数的计算主要依据实验室 MTS 岩石物理参数测试系统测试得到的煤层气储层煤岩样纵横波速度(V_P，V_{S_1} 和 V_{S_2})。杨氏模量、剪切模量、体积模量、拉梅常数等动弹参数的单位为 GPa。计算公式如下：

杨氏模量：$E=\dfrac{\rho V_S^2(3V_P^2-4V_S^2)}{V_P^2-V_S^2}$

剪切模量：$\mu=\rho V_S^2$

体积模量：$K=\rho(V_P^2-\dfrac{4}{3}V_S^2)$

拉梅常数：$\lambda=\rho(V_P^2-2V_S^2)$

泊松比：$\sigma=\dfrac{V_P^2-2V_S^2}{2(V_P^2-V_S^2)}$

计算时横波速度采用两横波速度的均值，即：$V_S=(V_{S_1}+V_{S_2})/2$

煤岩样的静弹性参数是根据实验中施加轴向荷载(偏应力)的过程中，轴向和环向引伸计同时记录各级应力下的轴向和横向应变进行计算得到的。获得的岩石力学参数主要有：极限抗压强度、静杨氏模量和静泊松比，实验计算得到的是50%抗压强度时的静杨氏模量和静泊松比。同时，根据超声波测试得到的纵横波速度，进行纵横波速度与差应力之间的相关关系拟合，利用拟合关系曲线计算岩石在地层有效压力下，对应于50%抗压强度应力状态下的实际纵横波速度值及相应的动弹参数。

2. 常温常压下煤岩样动弹参数变化规律分析

1)煤岩样动弹参数测试结果统计与分析

煤岩样在常温常压下测试得到的杨氏模量、剪切模量、体积模量、拉梅系数、泊松比和纵横波速度比等弹性参数实验测试数据的统计结果见表4-7。弹性参数柱状分布如图4-14。

分析表4-7的实验测试结果可知，煤岩样杨氏模量最小为3.55GPa、最大为9.16 GPa、平均为5.63GPa；煤岩样剪切模量最小为1.31GPa、最大为3.47GPa、平均为2.12GPa；煤岩样体积模量最小为4.03GPa、最大为8.83GPa、平均为5.60GPa；煤岩样拉梅常数最小为2.96GPa、最大为6.95GPa、平均为4.19GPa；煤岩样泊松比最小为0.27、最大为0.37、平均为0.33；煤岩样纵横波速度比最小为1.79、最大为2.22、平均为2.01。

顶板样杨氏模量最小为35.11GPa、最大为60.80GPa、平均为44.67GPa；顶板样剪切模量最小为14.93GPa、最大为24.77GPa、平均为18.5GPa；顶板样体积模量最小为17.13GPa、最大为37.14GPa、平均为25.88GPa；顶板样拉梅常数最小为6.75GPa、最大为20.62GPa、平均为13.55GPa；顶板样泊松比最小为0.15、最大为0.25、平均为0.20；顶板样纵横波速度比最小为1.56、最大为1.73、平均为1.64。

从煤岩样的弹性参数可以看出，煤岩样的平均杨氏模量、剪切模量、体积模量、拉梅常数都比较低，只有顶板样的12.6%、11.5%、21.6%、30.9%，远低于顶板岩样的弹性参数。煤岩样的泊松比和纵横波速度比则明显高于顶板样，分别高出65%和22.6%。表明煤岩样的弹性特征与顶板岩样的弹性特征明显不同。

表 4-7　煤岩样弹性参数统计表(常温常压下)

岩样	分析项目	杨氏模量/GPa	剪切模量/GPa	体积模量/GPa	拉梅常数/GPa	泊松比	纵横波速度比	样品数
煤岩样	最小值	3.55	1.31	4.03	2.96	0.27	1.79	30
	最大值	9.16	3.47	8.83	6.95	0.37	2.22	
	平均值	5.63	2.12	5.60	4.19	0.33	2.01	
顶板样	最小值	35.11	14.93	17.13	6.75	0.15	1.56	6
	最大值	60.80	24.77	37.14	20.62	0.25	1.73	
	平均值	44.67	18.50	25.88	13.55	0.20	1.64	

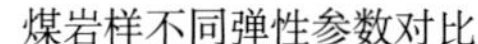

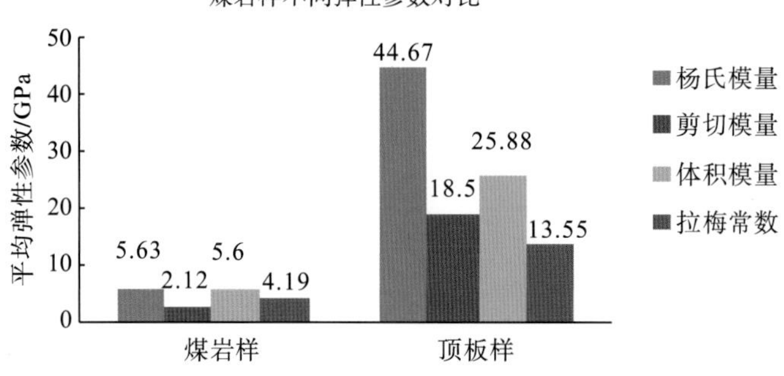

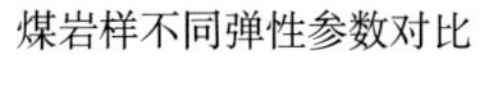

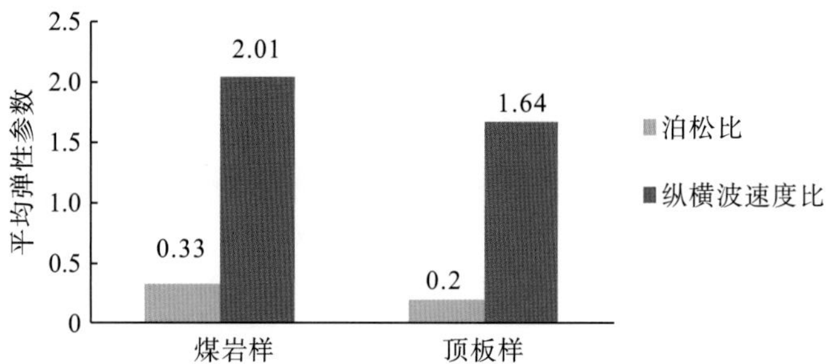

图 4-14　煤岩样不同弹性参数的统计对比

2)煤岩样弹性参数与密度之间的相关关系分析

图 4-15 为煤岩样弹性参数与密度的相关关系。从图中可以看出，煤岩样的杨氏模量、剪切模量、体积模量和拉梅常数随着密度的增加而增大，两者之间存在较好的幂指数相关关系。煤岩样的泊松比、纵横波速度比随着密度的增加而减小，两者之间存在较好的幂指数相关关系。

3)煤岩样弹性参数与孔隙度之间的相关关系分析

图 4-16 为煤岩样弹性参数与孔隙度的相关关系。从图中可以看出，煤岩样的杨氏模量、剪切模量、体积模量和拉梅常数随着孔隙度的增加有减小的趋势，煤岩样的泊松比、纵横波速度比随着孔隙度的增加有增加的趋势，但基本上没有相关性。

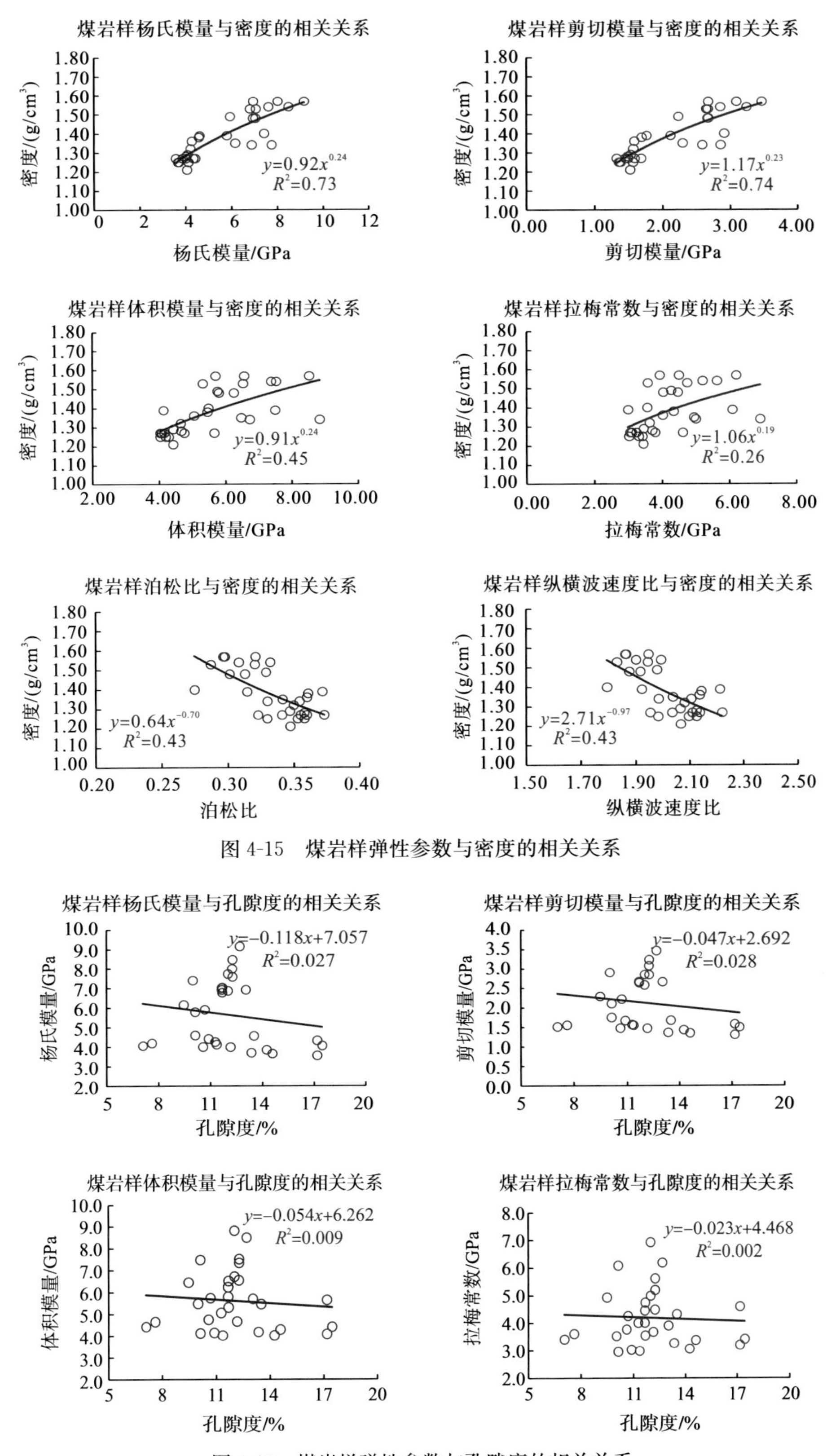

图 4-15　煤岩样弹性参数与密度的相关关系

图 4-16　煤岩样弹性参数与孔隙度的相关关系

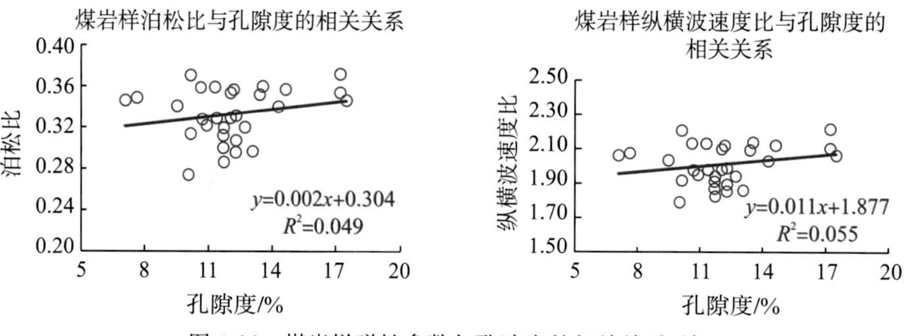

图 4-16　煤岩样弹性参数与孔隙度的相关关系(续)

3. 煤岩样动弹参数与压力的关系分析

1)煤岩样动弹参数与压力变化的相关分析

实验测试获得的动弹参数表明，煤岩样的杨氏模量、剪切模量、体积模量、拉梅常数随着有效压力的增加而增大，它们与有效压力之间存在较好的二次多项式相关关系，多数煤岩样的相关系数平方都在 0.90 以上。多数煤岩样的泊松比和纵横波速度比随着压力的增加而变大，少数煤岩样随着压力的增加先变大而后变小，变化较为复杂，变化的规律性较差。图 4-17 列出了部分煤岩样和顶板样在常温下弹性参数与压力变化的关系。

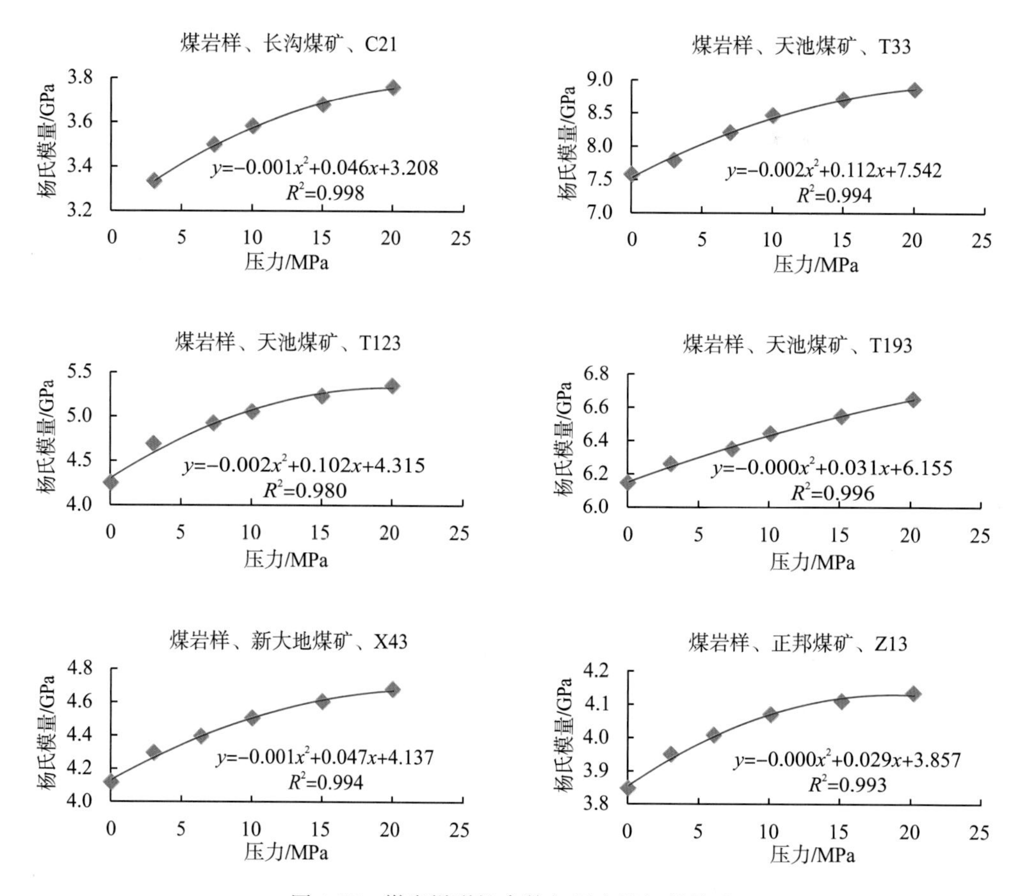

图 4-17　煤岩样弹性参数与压力的相关关系

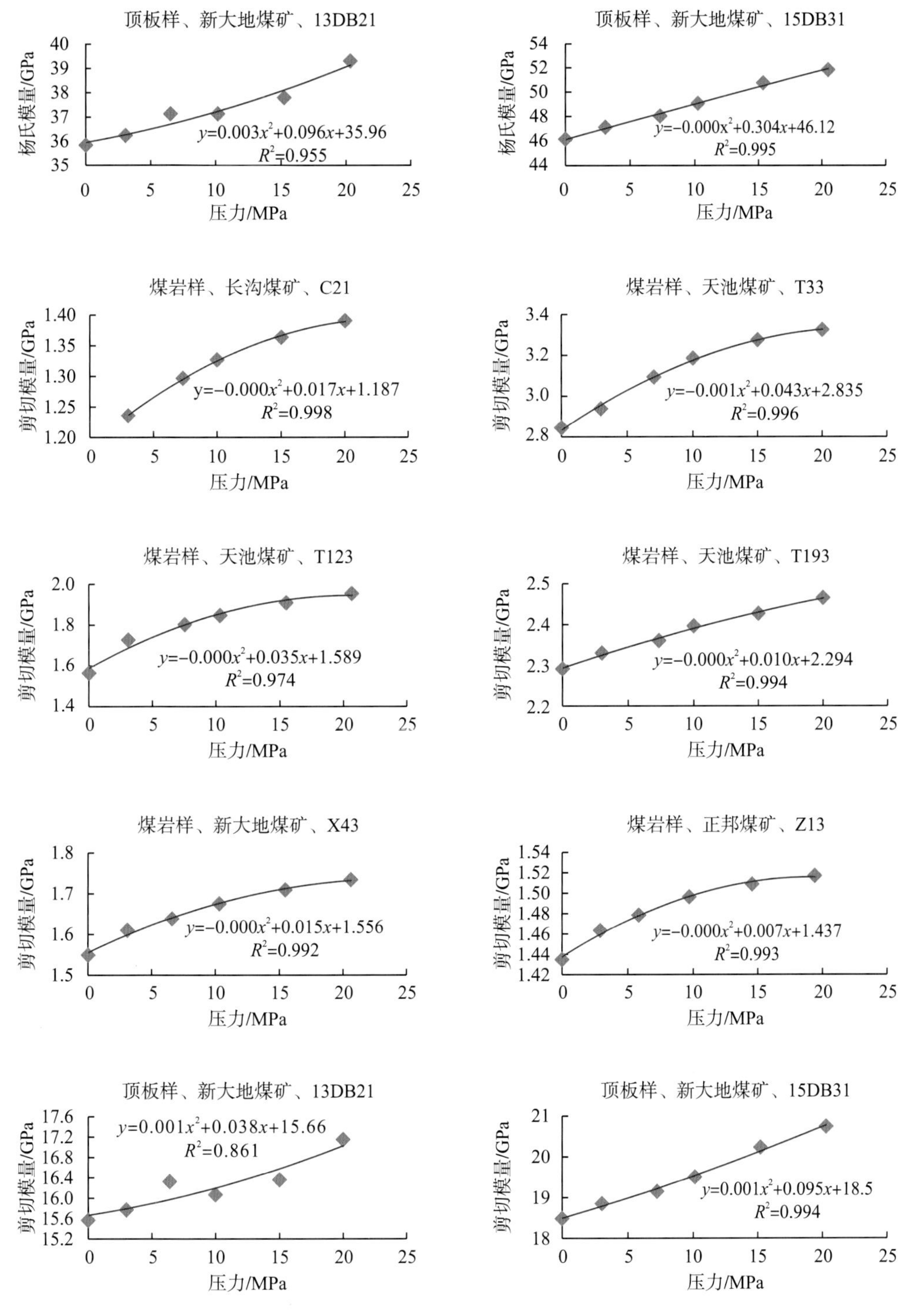

图 4-17　煤岩样弹性参数与压力的相关关系(续)

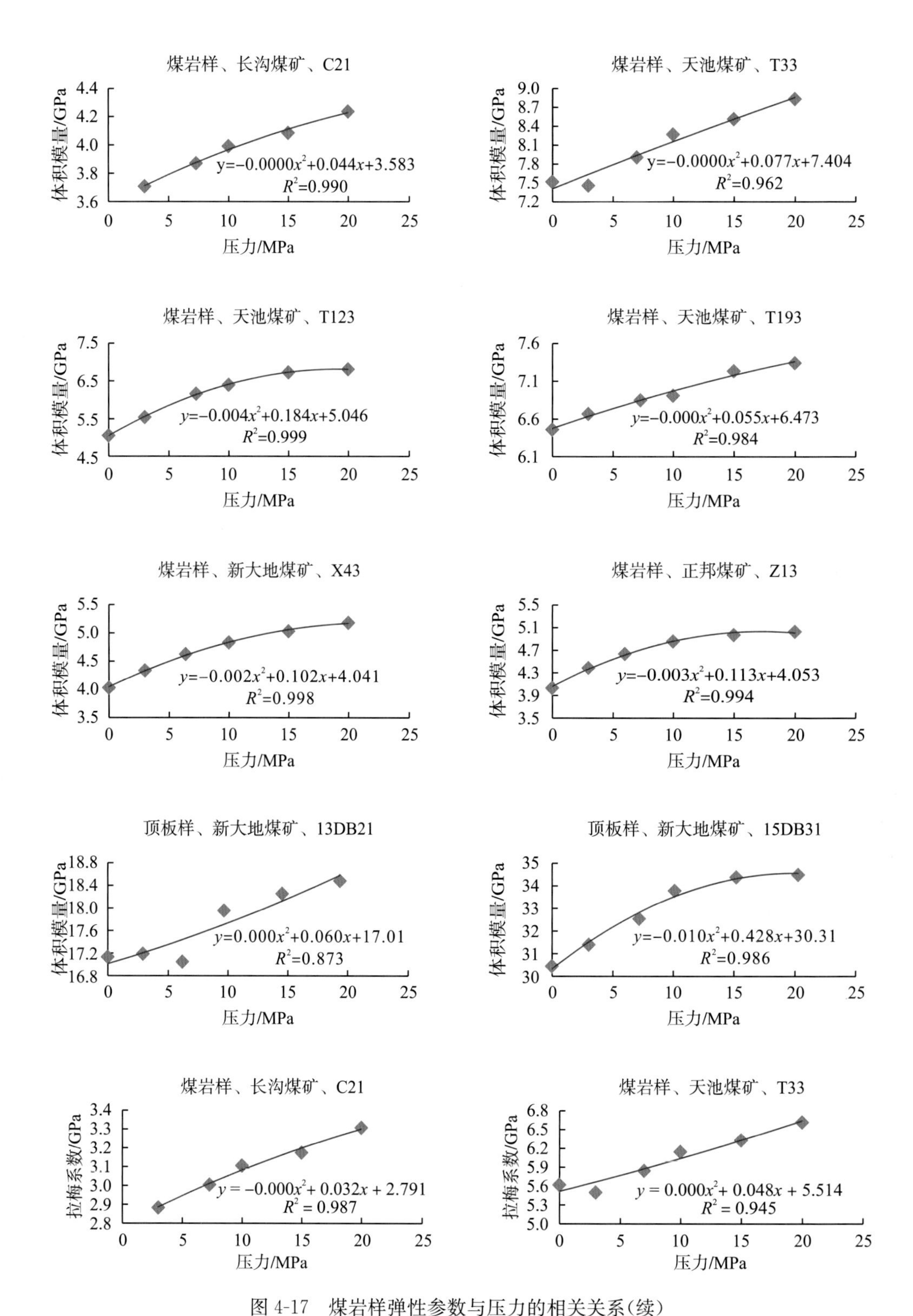

图 4-17　煤岩样弹性参数与压力的相关关系(续)

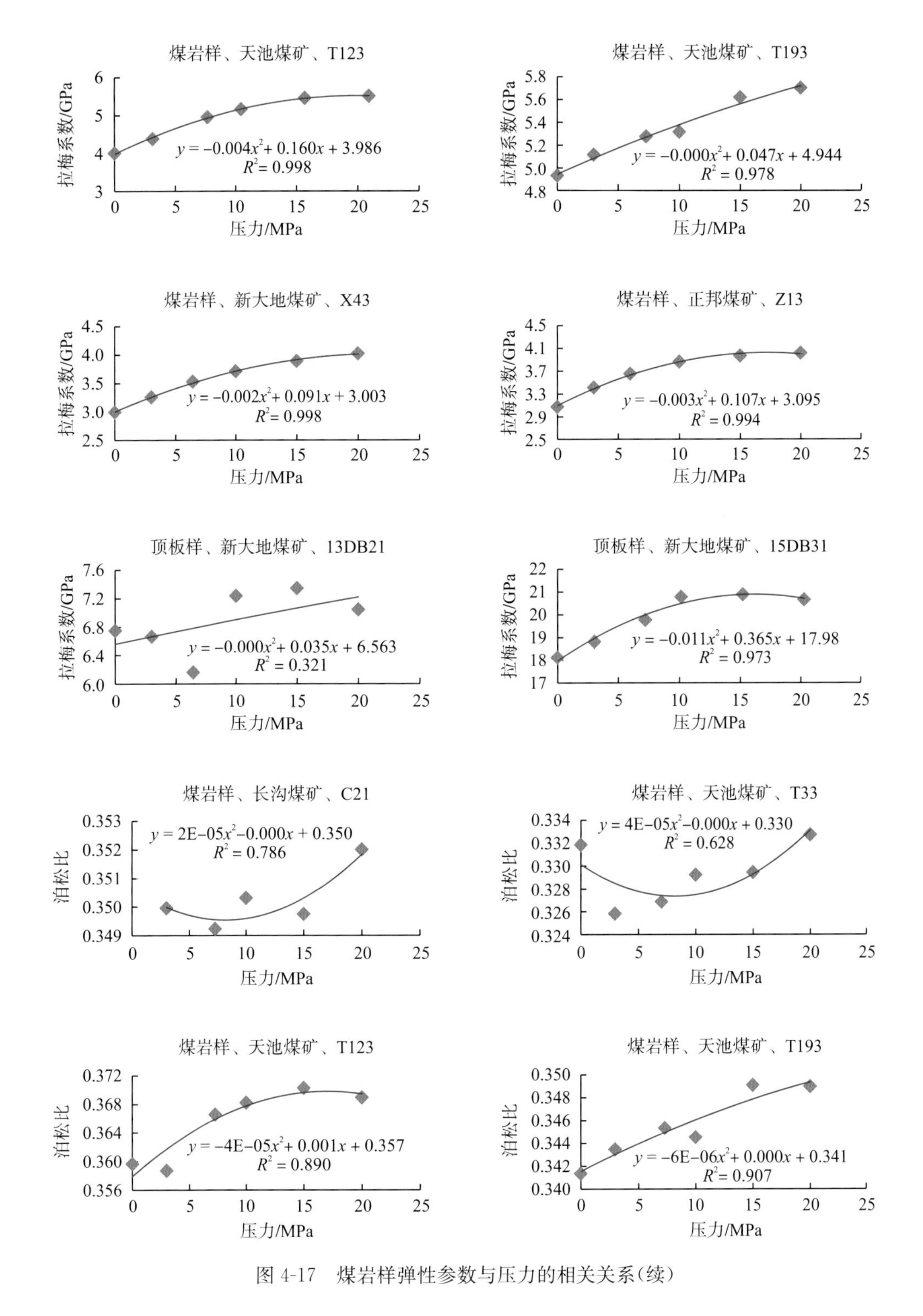

图 4-17　煤岩样弹性参数与压力的相关关系(续)

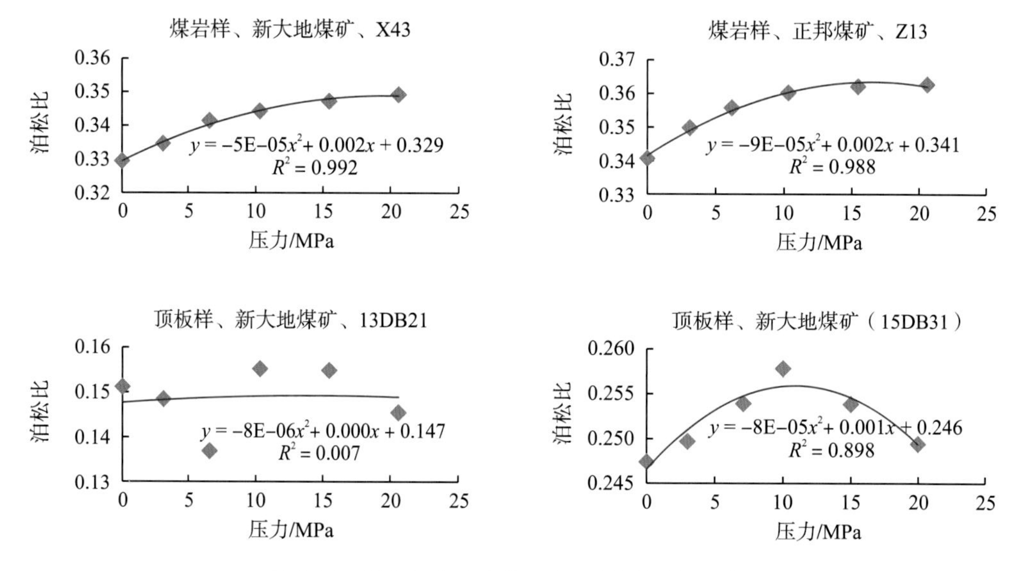

图 4-17　煤岩样弹性参数与压力的相关关系(续)

2)压力对岩样弹性参数的影响分析

表 4-8、表 4-9 和图 4-18 表示压力从常压变化到 20MPa 时弹性参数的变化结果。在常温状态下，当压力从常压变化到 20MPa 地层压力时，煤岩样的杨氏模量、剪切模量、体积模量、拉梅常数等弹性参数随压力的增加而增大。当压力变化 20MPa 时，杨氏模量、剪切模量、体积模量、拉梅常数分别增加 0.81GPa、0.29GPa、1.22GPa、1.03GPa，增加幅度分别为 14.12%、13.15%、22.68%和 26.15%，增幅较大；泊松比、纵横波速度比分别增加 0.01、0.05，增加幅度为 3.46% 和 2.65% ，增幅较小。顶板样的杨氏模量、剪切模量、体积模量、拉梅常数等弹性参数随压力的增加而增大。当压力变化 20MPa 时，杨氏模量、剪切模量、体积模量、拉梅常数分别增加 3.45GPa、1.37GPa、2.57GPa、1.66GPa，增加幅度分别为 7.99%、7.78%、9.54%和 10.48%，增幅相对较小；泊松比没有增加、纵横波速度比增加 0.01，增加幅度为 0.47%，增幅很小。煤岩样的弹性参数在压力变化 20MPa 时的绝对变化量虽小于顶板样的变化，但相对变化幅度大于顶板岩样，表现出煤岩样对压力的敏感性大于顶板岩样。

表 4-8　压力变化 20MPa 时弹性参数的变化(30 个煤岩样)

项目	杨氏模量		剪切模量		体积模量	
	绝对变化/GPa	相对变化/%	绝对变化/GPa	相对变化/%	绝对变化/GPa	相对变化/%
最小值	0.26	3.49	0.08	3.53	0.28	3.18
最大值	2.12	30.1	0.75	28.2	3	65.13
平均值	0.81	14.12	0.29	13.15	1.22	22.68

续表

项目	拉梅系数		泊松比		纵横波速度比	
	绝对变化/GPa	相对变化/%	绝对变化/GPa	相对变化/%	绝对变化/GPa	相对变化/%
最小值	0.21	3.08	−0.003	−0.9	−0.022	−1.02
最大值	2.52	85.23	0.052	16.63	0.257	13.39
平均值	1.03	26.15	0.01	3.46	0.05	2.65

表 4-9　压力变化 20MPa 时纵横波速度的变化(6 个顶板样)

项目	杨氏模量		剪切模量		体积模量	
	绝对变化/GPa	相对变化/%	绝对变化/GPa	相对变化/%	绝对变化/GPa	相对变化/%
最小值	2.49	4.10	0.95	3.82	−0.04	−0.2
最大值	5.71	12.37	2.25	12.19	4.8	15.63
平均值	3.45	7.99	1.37	7.78	2.57	9.54
项目	拉梅系数		泊松比		纵横波速度比	
	绝对变化/GPa	相对变化/%	绝对变化/GPa	相对变化/%	绝对变化/GPa	相对变化/%
最小值	−0.97	−12.03	−0.024	−13.65	−0.034	−2.11
最大值	4.15	27.17	0.021	11.96	0.045	2.63
平均值	1.66	10.48	0	0.84	0.01	0.47

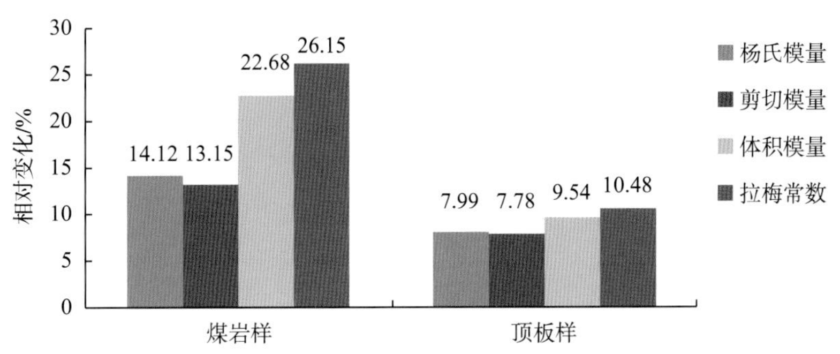

a. 煤岩样从常压变化到 20MPa 压力下弹性参数的相对变化

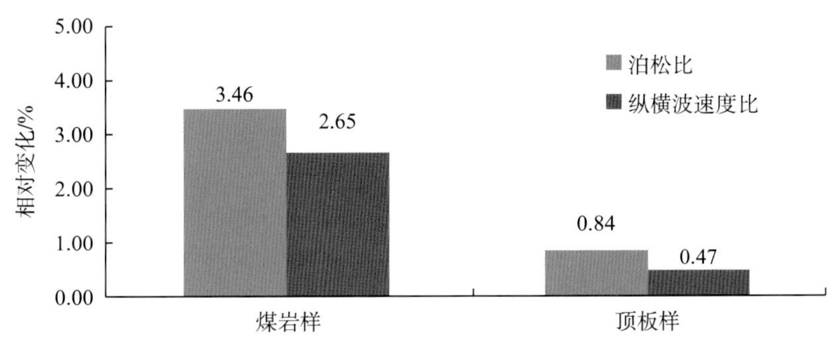

b. 煤岩样从常压变化到 20MPa 压力下弹性参数的相对变化

图 4-18　地层压力下弹性参数的相对变化

4. 煤岩样动、静弹性模量间的关系分析

对 16 块煤岩样进行了静弹性参数的测试实验，获得了 15 块煤岩样的测试结果，主要包括煤岩样的抗压强度、静弹参数(静杨氏模量、静泊松比)和动弹参数(动杨氏模量、动泊松比)。对相同应力状态(差应力为极限抗压强度的 50%)下的动、静弹性参数进行比较，结果见表 4-10 和表 4-11。表中的动杨氏模量和动泊松比是根据煤岩样纵横波速度与应力的关系曲线计算得到的。相同应力状态下，煤岩样动、静弹性参数间的关系见图 4-19 和图 4-20。

分析表 4-10、表 4-11 和图 4-19、图 4-20 可以得到：在地层压力条件下，煤岩样的最大抗压强度为 80MPa，最小为 45MPa，平均抗压强度为 69MPa。顶板样的最大抗压强度为 152MPa，最小为 105MPa，平均抗压强度为 129MPa。煤岩样的抗压强度远低于顶板样，平均只有顶板样的 53%左右。

煤岩样最大静杨氏模量为 7.88GPa，最小为 5GPa，平均静杨氏模量为 6.74GPa，最大动杨氏模量为 10.32GPa，最小为 5.64GPa，平均动杨氏模量为 8.69GPa。顶板样的最大静杨氏模量为 30.99GPa，最小为 15.34GPa，平均静杨氏模量为 22.34GPa，最大动杨氏模量为 58.58GPa，最小为 42.20GPa，平均动杨氏模量为 50.23GPa。煤岩样的动、静杨氏模量都远小于顶板样，平均只有顶板样的 17%和 30%。煤岩样的动杨氏模量略大于相对应的静杨氏模量，平均高出幅度约为 29%，动、静杨氏模量之间具有较好的线性正相关关系。顶板样的动杨氏模量远大于相对应的静杨氏模量，平均高出幅度约为 125%，动、静杨氏模量之间具有较好的线性正相关关系。

煤岩样的最大静泊松比为 0.44，最小为 0.32，平均静泊松比为 0.37，最大动泊松比为 0.38，最小为 0.32，平均动泊松比为 0.35，煤岩样的静泊松比略大于相应的动泊松比，静泊松比比动泊松比平均高出约 6%，静、动泊松比之间具有一定的线性正相关关系，但相关性较差。顶板样的最大静泊松比为 0.24，最小为 0.12，平均静泊松比为 0.18，最大动泊松比为 0.29，最小为 0.20，平均动泊松比为 0.24，顶板样的动泊松比大于相应的静泊松比，动泊松比比静泊松比平均高出约 33%，静、动泊松比之间具有一定的线性正相关关系，但相关性较差。煤岩样的静、动泊松比都远大于顶板样，平均高出 106%和 46%左右。

动、静弹性参数的上述差异，主要是由于两种实验测试的作用力机制不同，即静力持续作用与弹性波的瞬时作用对煤岩样产生的形变是有差异的，而煤岩样形变的差别必然导致动、静弹性模量和泊松比的不同。

表 4-10　地层压力条件下煤岩样动、静弹性参数测试结果

序号	煤岩样编号	煤岩样埋深/m	压力/MPa	温度/℃	抗压强度/MPa	静杨氏模量/GPa	动杨氏模量/GPa	静泊松比	动泊松比
1	T21	345	20	25	70	7.45	9.55	0.36	0.35
2	T23	345	20	25	71	6.29	9.30	0.39	0.32
3	T31	350	20	25	71	7.88	10.32	0.32	0.35

续表

序号	煤岩样编号	煤岩样埋深/m	压力/MPa	温度/℃	抗压强度/MPa	静杨氏模量/GPa	动杨氏模量/GPa	静泊松比	动泊松比
4	T32	350	20	25	71	7.82	9.62	0.32	0.35
5	T33	350	20	25	71	7.32	9.18	0.34	0.34
6	T101	355	20	25	80	6.68	10.13	0.37	0.34
7	T142	355	20	25	45	5.09	6.58	0.42	0.37
8	T143	355	20	25	67	5.00	5.64	0.41	0.38
9	T152	355	20	25	62	6.30	8.09	0.44	0.36
10	T153	355	20	25	77	7.60	8.48	0.34	0.35
		最小值			45	5.00	5.64	0.32	0.32
		最大值			80	7.88	10.32	0.44	0.38
		平均值			69	6.74	8.69	0.37	0.35

表 4-11　地层压力条件下顶板样动、静弹性参数测试结果

序号	煤岩样编号	煤岩样埋深/m	压力/MPa	温度/℃	抗压强度/MPa	静杨氏模量/GPa	动杨氏模量/GPa	静泊松比	动泊松比
1	13DB21	320	20	25	105	16.66	43.57	0.12	0.20
2	13DB23	320	20	25	110	15.34	42.20	0.24	0.20
3	15DB31	354	20	25	125	25.22	58.58	0.15	0.29
4	15DB32	354	20	25	151	30.99	56.62	0.19	0.28
5	15DB33	354	20	25	152	23.51	50.17	0.19	0.25
		最小值			105	15.34	42.20	0.12	0.20
		最大值			152	30.99	58.58	0.24	0.29
		平均值			129	22.34	50.23	0.18	0.24

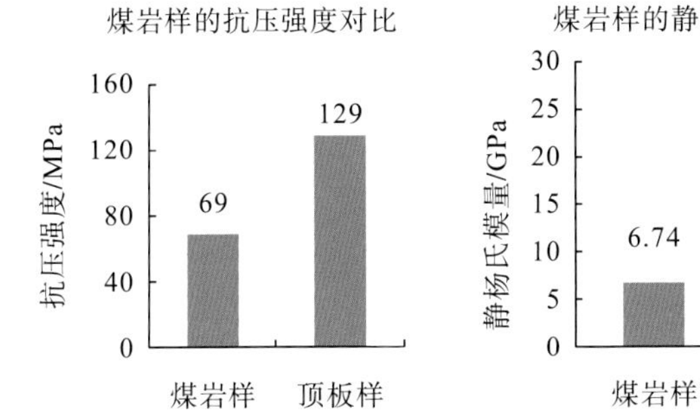

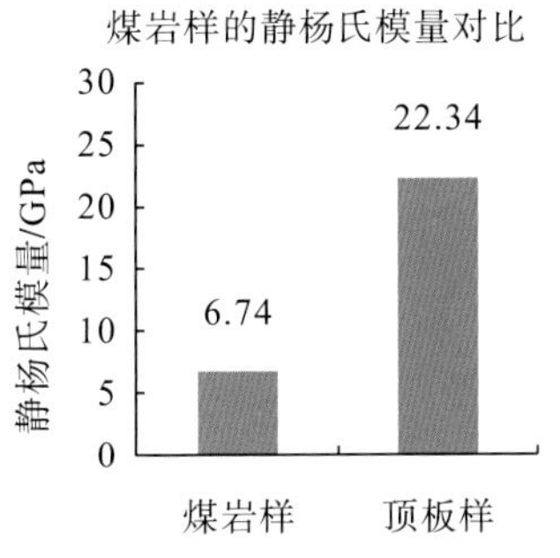

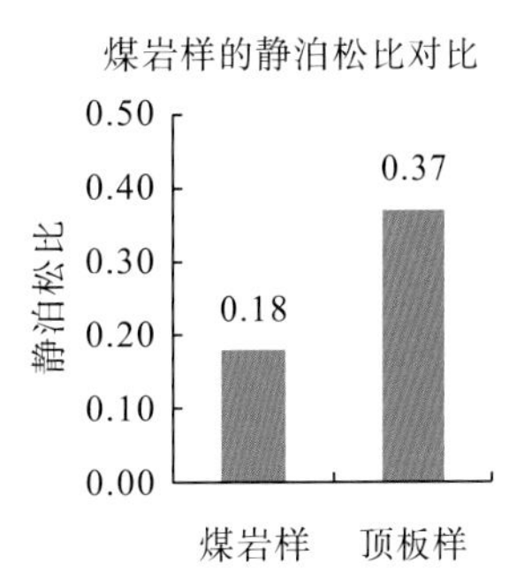

图 4-19　煤岩样的抗压强度与静弹性参数

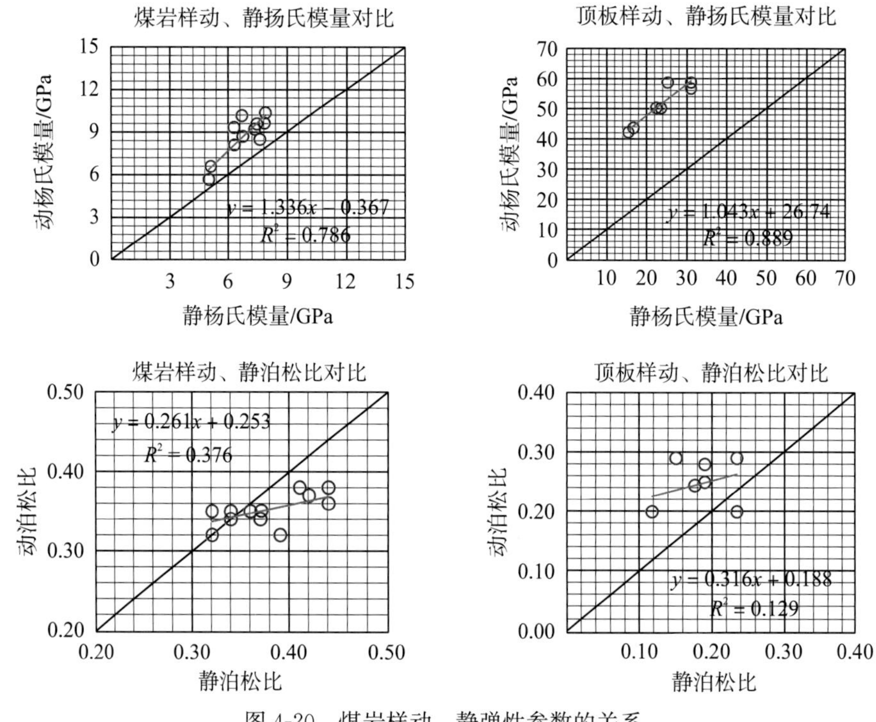

图 4-20　煤岩样动、静弹性参数的关系

4.5.4　煤岩样品质因子(衰减)测试分析

1. 煤岩样衰减的实验测试技术、计算原理及方法

自然状态下的岩石是多孔隙流体充填的岩石。作为地震波场的传播介质，岩石是一种双相介质，它具有许多本身所固有的特点。岩石的矿物学状态、裂隙、孔隙率、流体含量、孔隙流体压力与岩石围压等，对岩石的地球物理特征有着重要影响。测定这些岩石地球物理特征，有可能对有关岩性的信息进行预测和解释。地震波衰减或岩石的 Q 值，就是这类重要的岩石地球物理特征之一。

在研究中通常将地震波传播简化为在理想状态下的传播，即地震波在纯弹性地层中传播。但是，实际观测与由弹性方程得到的理论期望值之间有着明显的差异性，其主要差异是振幅的损耗，其损耗值已超过了界面的几何扩散和反射的影响。这种额外的振幅损失称为衰减。这种衰减是由于地震波在实际岩石中传播时，由于多种原因造成纵横波能量的损耗，如地震波能量在岩石中转化为热能而发生的衰减现象等。岩石的这种粘弹性衰减过程是弹性波在实际岩石中传播的基本特性之一。已有的研究成果表明，岩石物理状态的变化引起的衰减变化比速度的变化更大，特别是饱和条件和孔隙流体性质对衰减影响较大。但是，衰减测量比速度测量更为困难，因为，要测量衰减我们不仅要利用波的到达时间，而且还要利用波的振幅信息。煤岩样固有衰减的精确测量更是一件困难的工作，由于这种原因，严重限制了煤岩样粘弹性特征的利用，所以对煤岩样的衰减研究具有重要的意义。

1)衰减系数

对于在均匀介质中传播的平面波，其振幅可由下式给出：

$$A(x,t) = A_0 e^{i(kx-\omega t)} \tag{4-12}$$

式中，ω 为角频率，$\omega=2\pi f$，k 为波数，当波数 k 为复数时：

$$k = k_r + i\alpha \tag{4-13}$$

则式(4-12)改写为

$$A(x,t) = A_0 e^{-\alpha x} e^{i(k_r x-\omega t)} \tag{4-14}$$

式中，α 称为衰减系数。平面波的相速度 v 为

$$v = \frac{\omega}{k_r} \tag{4-15}$$

假设波的衰减由下式确定：

$$A(x) = A_0 e^{-\alpha x} \tag{4-16}$$

衰减系数 α 也可写为

$$\alpha = -\frac{1}{A(x)}\frac{dA(x)}{dx} = -\frac{d}{dx}\ln A(x) \tag{4-17}$$

对于两个不同位置 x_1 和 $x_2(x_1<x_2)$，相应的振幅为 $A(x_1)$和 $A(x_2)$，则

$$\alpha = \frac{1}{x_2-x_1}\ln\left[\frac{A(x_1)}{A(x_2)}\right] \tag{4-18}$$

单位为：奈培/单位长度(或简为长度倒数)。α 也就是通常所说的吸收系数，它是频率的函数。

2)品质因子 Q

常用品质因子 Q 及其倒数 Q^{-1} 来度量衰减。Q 值是储能与耗散能的比率，它作为岩石的一个内禀特性。通常情况下都是用一个周期内的损耗能量除以周期内储存的最大能量来定义。但当损耗较大时，这个定义就变得不符合实际了。O'Connell 和 Budiansky(1977)提出了如下定义：用在一个单一的正弦波形周期内的平均储存能量 W 和损失能量 dW 来表达 Q 值：

$$Q = \frac{2\pi W}{dW} \tag{4-19}$$

对于近似弹性或低损耗的线性固体，从应力-应变关系中可得到衰减的另一定义：

$$\frac{1}{Q} = \frac{M_I}{M_R} = \tan\varphi \cong \varphi \tag{4-20}$$

式中，M 为弹性模量，$M=M_R+iM_I$，φ 为应变滞后于应力的相位角。

品质因子 Q 与衰减系数的关系为

$$\frac{1}{Q} = \frac{\alpha v}{\pi f} \tag{4-21}$$

3)衰减实验测量的方法技术

对衰减进行精确的测量是一项很困难的工作。无论在实验室还是在野外，地震波的振幅除受内禀阻尼的影响外，还受到波的几何发散、反射，以及散射因素等的巨大影响。在实验室中，测量岩石衰减的常用方法主要有以下四类：自由振动法、受迫振动法、波的传播法和观察应力-应变曲线法。

①衰减测量的方法原理

基于油气藏国家重点实验室 MTS 系统的特点，主要通过脉冲透射法来测量煤岩样的纵横波衰减。由式(4-14)可知：平面波的振幅谱可表示为

$$A(f) = G(x)\mathrm{e}^{-\alpha(f)x}\mathrm{e}^{\mathrm{i}(2\pi ft-kx)} \tag{4-22}$$

式中：A 为振幅；f 为频率；x 为波传播的距离，如煤岩样长度；$G(x)$为几何扩散因子，包括反射和扩散等；$\alpha(f)$为与频率有关的衰减系数，即我们要测定的参数。

假定在测量频率范围内，$\alpha(f)$是频率的线性函数，即

$$\alpha(f) = \gamma f \tag{4-23}$$

式中：γ 为常数，由式(4-20)知，γ 与品质因子即 Q 值的关系为

$$Q = \frac{\pi}{\gamma v} \tag{4-24}$$

式中：v 为速度。

从式(4-22)可知：平面波振幅除受地层衰减影响外，还受几何扩散等的影响。为了消除几何扩散的影响，仅测量衰减对平面波振幅的影响，用测两个样即参考样和岩样的方法来消除几何扩散等因素的影响，即选一个几何形状、直径、长度完全相同的参考样，测量超声波分别透过参考样和煤岩样的振幅谱。

参考样的谱为

$$A_1(f) = G_1(x)\mathrm{e}^{-\alpha_1(f)x}\mathrm{e}^{\mathrm{i}(2\pi ft-k_1x)} \tag{4-25}$$

煤岩样的谱为

$$A_2(f) = G_2(x)\mathrm{e}^{-\alpha_2(f)x}\mathrm{e}^{\mathrm{i}(2\pi ft-k_2x)} \tag{4-26}$$

当两个样的几何形状、测试标准(直径、传感器、安装排列方式)相同时，$G_1(x)$和 $G_2(x)$是与频率无关的比例因子。则傅氏振幅谱的比值为

$$\frac{A_1(f)}{A_2(f)} = \frac{G_1(x)}{G_2(x)}\mathrm{e}^{-(\gamma_1-\gamma_2)fx} \tag{4-27}$$

两边取自然对数得

$$\ln\left[\frac{A_1(f)}{A_2(f)}\right] = (\gamma_2-\gamma_1)xf + \ln\left[\frac{G_1(x)}{G_2(x)}\right] \tag{4-28}$$

式中：x 为样品长度。

当 $G_1(x)$和 $G_2(x)$与频率无关时，可由 $\ln\left[\frac{A_1(f)}{A_2(f)}\right]$的最小二乘拟合直线的斜率求得($\gamma_2-\gamma_1$)。若参考样的 Q 值已知时，则可求出岩样的 γ_2。若参考样的 Q 值非常大，即 $Q\cong\infty$，$\gamma_1=0$，则 γ_2 可直接从最小二乘拟合直线的斜率求得，从而由式(4-29)计算出岩样的 Q 值。以上方法简称为“谱比法”。

$$Q = \frac{\pi x}{kv} \tag{4-29}$$

式中，x 为样品长度；k 为拟合直线的斜率；v 为样品速度。

②实验测量技术

A. 参考样的选择

实验测量选用铝样作为参考样，因为铝样的 Q 值大约为 150000(Zemanek 和 Rudnick，1961 年测得），而煤岩样的 Q 值≤1000，因此，让参考样的 $\gamma_1=0$ 引入的误差不会超过 1%，对于 $Q=10\sim100$ 的煤岩石，则 $\gamma_1=0$ 引入的误差不会超过 0.1%，可忽略。

B. 测量步骤

a. 用中心频率为 500MHz 的超声波穿过 Φ50mm×100mm 的铝样，测得透射波的波至时间和透射波信号；b. 在模拟不同的环境条件下(包括压力、温度等)用同样方法测得穿过相同尺寸煤岩样的透射波的波至时间和透射波信号；c. 速度和 Q 值的求取：由透射波的波至时间求得速度，根据实测的煤岩样和铝样的透射波信号用“谱比法”求得 Q 值。

图 4-21 为一实测的铝样、岩样的超声波信号、振幅谱及频率域标准铝、岩样信号之间的谱比值对比图。

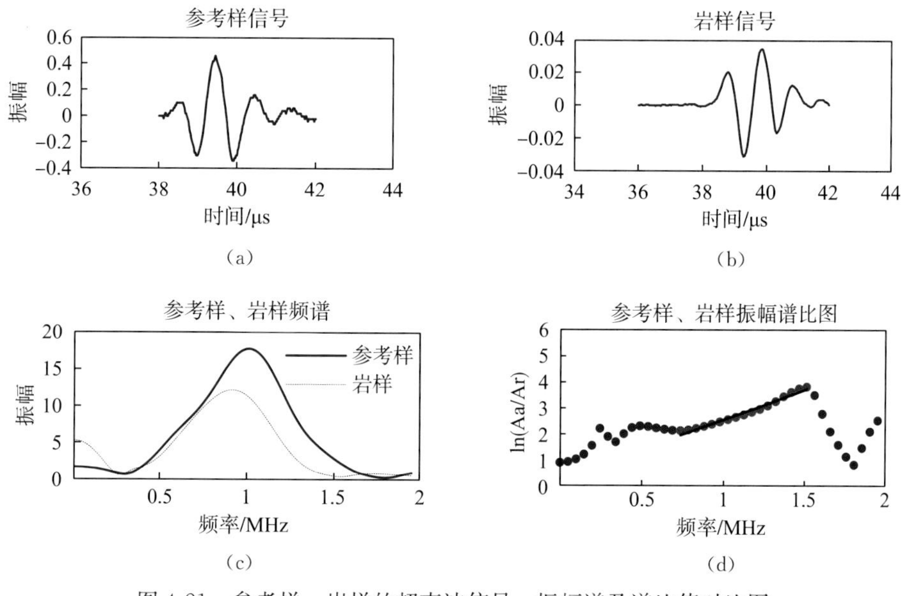

图 4-21　参考样、岩样的超声波信号、振幅谱及谱比值对比图

(a)参考样信号；(b)岩样信号；(c)振幅谱；(d)参考样、岩样振幅谱比

2. 常温常压下煤岩样纵横波品质因子变化规律分析

1)煤岩样纵横波品质因子测试结果统计与分析

煤岩样常温常压下纵横波品质因子实验测试数据的统计结果见表 4-12。煤岩样、顶板样的纵横波品质因子柱状分布如图 4-22。

分析表 4-12 的实验测试结果可知，煤岩样的最小纵波品质因子为 5.26，最大为 18.81，平均纵波品质因子为 10.08；横波 S_1 和 S_2 的最小品质因子分别为 8.63 和 10.87，最大品质因子为 41.66 和 50.13，平均品质因子为 21.91 和 24.72。顶板样的最小纵波品质因子为 6.45，最大为 20.14，平均纵波品质因子为 12.81；横波 S_1 和 S_2 的最小品质因子分别为 10.07 和 5.35，最大品质因子为 28.08 和 17.77，平均品质因子为 18.88 和 12.16。煤岩样的纵波品质因子略小于顶板样，约为顶板样的 79%左右，但横波品质因子要大于顶板样，分别高出 16%和 103%。煤岩样、顶板样在纵横波衰减方面存在一定的差异。

表 4-12　煤岩样纵横波品质因子统计表(常温常压下)

煤岩样	分析项目	Q_P	Q_{S_1}	Q_{S_2}	样品数
煤岩样	最小值	5.26	8.63	10.87	29
	最大值	18.81	41.66	50.13	
	平均值	10.08	21.91	24.72	
顶板样	最小值	6.45	10.07	5.35	6
	最大值	20.14	28.08	17.77	
	平均值	12.81	18.88	12.16	

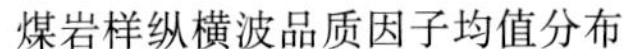

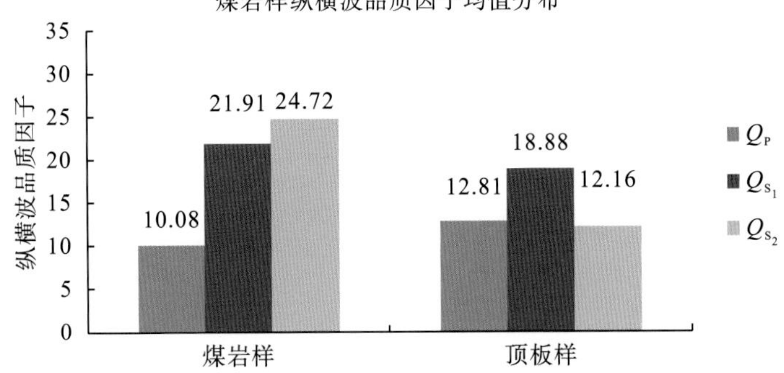

图 4-22　煤岩样、顶板样的纵横波品质因子均值分布

2)煤岩样纵横波品质因子与密度、孔隙度之间的相关关系分析

图 4-23 为煤岩样的纵横波品质因子与密度、孔隙度的相关关系。从图中可以看出，煤岩样的纵横波品质因子随着煤岩样密度的增加而变大，两者之间有一定的相关关系。但煤岩样纵横波品质因子与孔隙度之间的相关性较差。

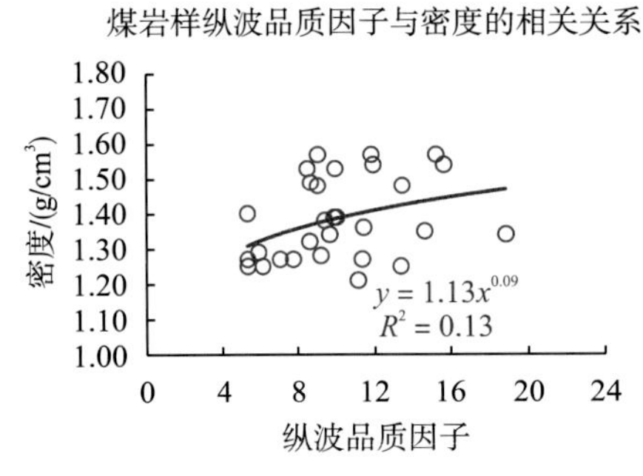

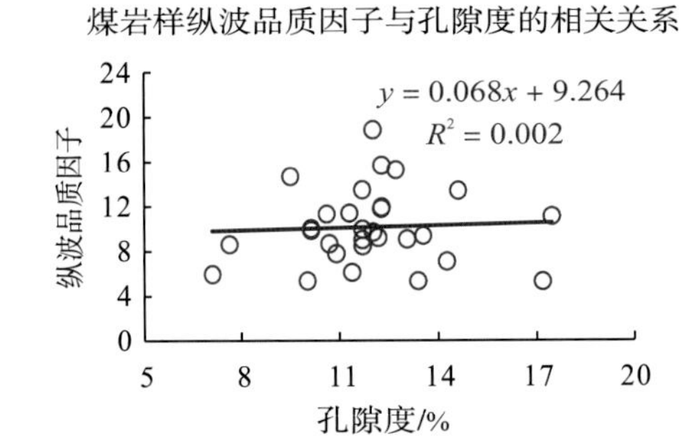

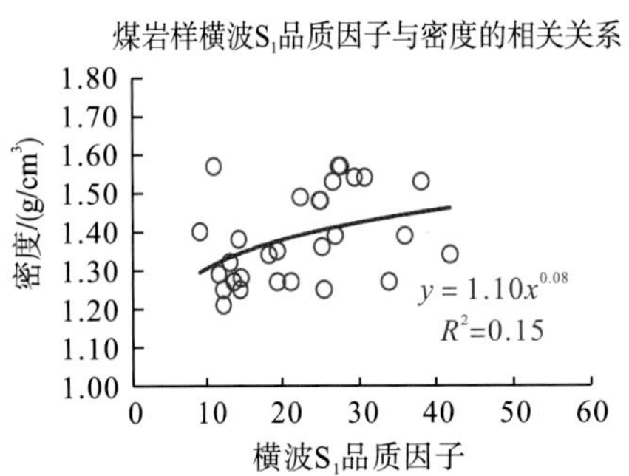

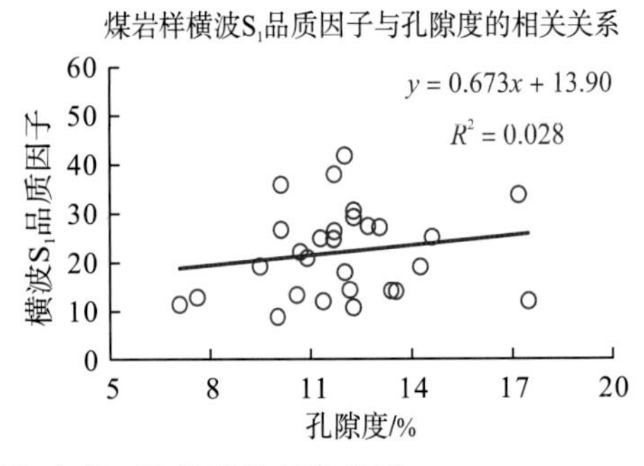

图 4-23　煤岩样纵横波品质因子与密度、孔隙度的相关关系

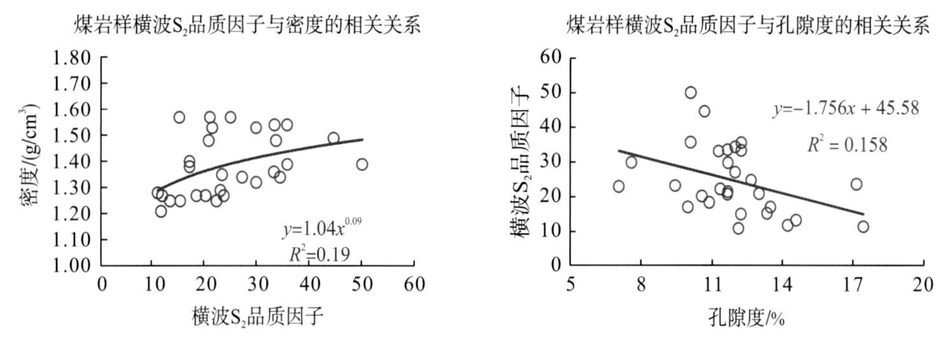

图 4-23　煤岩样纵横波品质因子与密度、孔隙度的相关关系(续)

3. 煤岩样纵横波品质因子与压力的关系分析

1)纵横波品质因子与压力变化的相关分析

实验测试结果表明，在常温下，多数煤岩样的纵横波品质因子都随着压力的增大而增加。图 4-24 列举了部分煤岩样在常温下纵横波品质因子与压力变化的关系，多数煤岩样的纵横波品质因子与压力之间存在较好的二次多项式关系。由于煤岩样的品质因子(衰减)受内外多种因素的影响和受计算方法的影响，因而少数煤岩样的纵横波品质因子与压力的相关性不明显。

2)压力对纵横波品质因子的影响分析

表 4-13、表 4-14 和图 4-25 表示了压力从常压变化到 20MPa 地层压力时煤岩样、顶板样纵横波品质因子的变化结果。

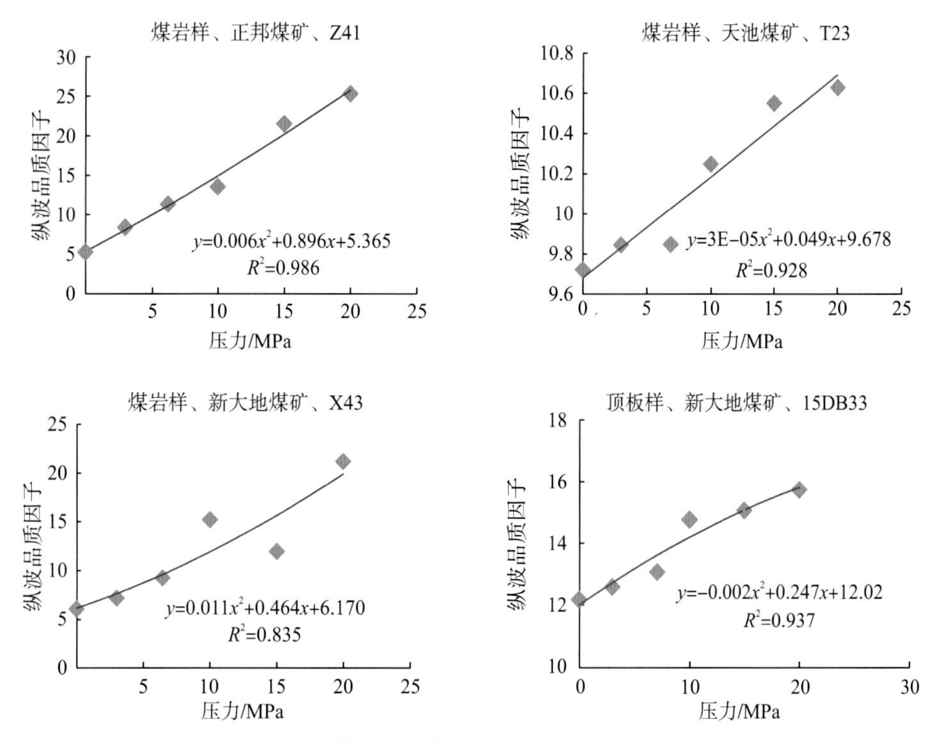

图 4-24　煤岩样纵横波品质因子与压力的关系

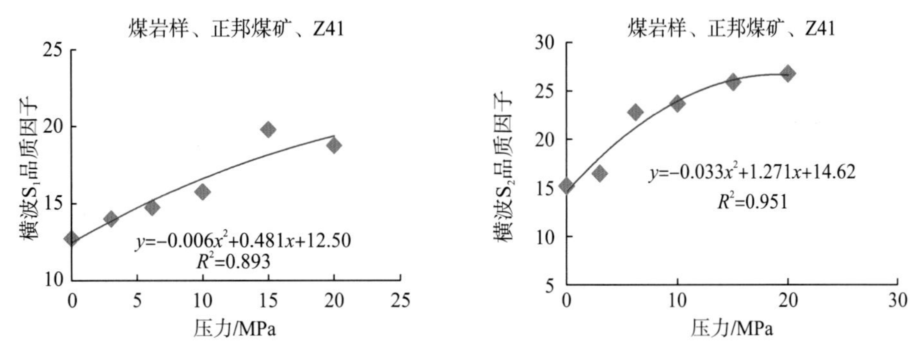

图 4-24　煤岩样纵横波品质因子与压力的关系(续)

表 4-13　压力变化 20MPa 时纵横波品质因子的变化(29 个煤岩样)

项目	Q_P		Q_{S_1}		Q_{S_2}	
	绝对变化	相对变化/%	绝对变化	相对变化/%	绝对变化	相对变化/%
最小值	−1.99	−17.52	−18.35	−51.33	−22.31	−49.91
最大值	23.79	405.37	33.74	137.3	33.76	143.01
平均值	7.77	103.91	3.84	23.55	6.65	32.5

表 4-14　压力变化 20MPa 时纵横波速度的变化(6 个顶板样)

项目	Q_P		Q_{S_1}		Q_{S_2}	
	绝对变化	相对变化/%	绝对变化	相对变化/%	绝对变化	相对变化/%
最小值	1.15	10.29	−14.35	−51.1	2.53	21.35
最大值	15.55	107.90	17.34	101.29	31.38	289.86
平均值	6.11	44.44	3.19	29.77	13.54	123.06

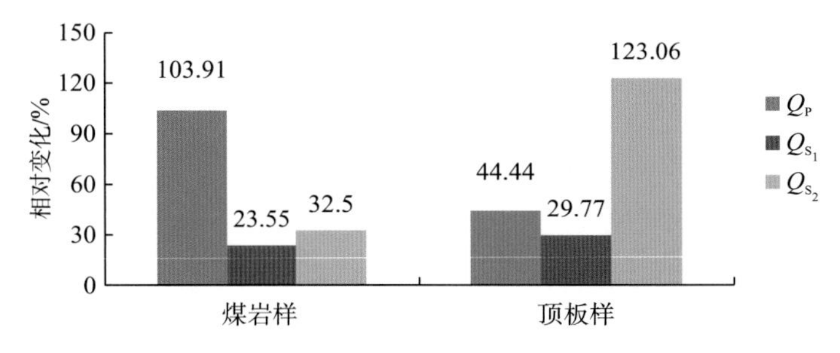

图 4-25　煤岩样、顶板样从常压到 20MPa 压力下纵横波品质因子的相对变化

常温状态下，当压力从常压变化到 20MPa 地层压力时，多数煤岩样的纵横波品质因子随压力的增加而增大。煤岩样纵横波品质因子分别增加 7.77 和 3.84、6.65，增加幅度分别为 103.91%、23.55%和 32.50%，纵波品质因子的变化幅度较大，横波品质因子的变化幅度较小。顶板样纵横波品质因子分别增加 6.11 和 3.19、13.54，增加幅度分别为 44.44%、29.77%和 123.06%，纵波和横波 S_1 品质因子的变化幅度较小，横波 S_2 品质因子的变化幅度较大。

从相对变化幅度进行比较，在常温状态下，当压力从常压变化到 20MPa 地层压力时，纵横波品质因子的变化可达到 30%以上，如煤岩样的纵波品质因子甚至可达到 103.91%，而对应的纵横波速度的变化在 10%以下，远小于品质因子的变化幅度，表明纵横波动力学参数的变化明显大于运动学参数的变化。

4.5.5 煤岩样纵横波速度各向异性的测试分析

地震各向异性研究是勘探地震学的一个热点研究领域。大量研究表明：地球内部的沉积岩层具有明显的各向异性。地下孔(裂)隙介质的各向异性必然引起在其中传播的地震波的速度各向异性。沉积岩(砂岩、页岩、泥岩和碳酸盐岩)速度的各向异性研究从实验、模拟到理论都已经作了不少的研究工作，对地震波速度与传播方向之间的关系即速度各向异性的认识已比较丰富。但煤层的地震波速度各向异性的研究相对较少，人们对煤层地震速度各向异性的认识也相对贫乏。鉴于此，通过取自沁水盆地的煤岩样，对煤岩样纵横波速度的各向异性进行了实验测试与分析。

1. 速度各向异性测试的方法原理

煤岩的各向异性是指煤岩的物理性质随方向而变化。当地震波在具有各向异性的煤岩中传播时，地震波的速度必然与传播方向有关，即存在速度各向异性。反之，我们可以通过研究速度在不同方向上的差异即速度各向异性来研究煤岩的各向异性特征。

为了表征平行煤层层面方向和垂直煤层层面方向传播的纵横波速度的各向异性，在研究中使用如下定义的速度各向异性系数：

$$\varepsilon_{v\mathrm{P}}=\frac{v_{h\mathrm{P}}-v_{v\mathrm{P}}}{v_{h\mathrm{P}}} \tag{4-30}$$

$$\gamma_{v\mathrm{S}}=\frac{v_{h\mathrm{S}}-v_{v\mathrm{S}}}{v_{h\mathrm{S}}} \tag{4-31}$$

式中：$\varepsilon_{v\mathrm{P}}$、$\gamma_{v\mathrm{S}}$分别为纵、横波速度各向异性系数，$v_{h\mathrm{P}}$、$v_{v\mathrm{P}}$分别为纵波在平行煤层层面方向(下简称 h 方向)和垂直煤层层面方向(下简称 v 方向)的传播速度，$v_{h\mathrm{S}}$、$v_{v\mathrm{S}}$分别为横波在 h 方向和 v 方向传播的速度。$\varepsilon_{v\mathrm{P}}$、$\gamma_{v\mathrm{S}}$越接近于零，说明速度各向异性越弱。

从速度各向异性系数的定义知：只要在实验室测得了 h 和 v 方向的纵横波速度($v_{h\mathrm{P}}$、$v_{v\mathrm{P}}$、$v_{h\mathrm{S}}$、$v_{v\mathrm{S}}$)，就可计算出煤岩样纵横波速度各向异性系数。

煤岩样的取样方法如图 4-26 所示。取样时，分别沿垂直煤层层面方向即 v 方向和平行煤层层面且相互垂直的两个方向即 h_1 和 h_2 方向各取一个样。

2. 速度各向异性测试结果分析

实验选取天池煤矿 T2、T3、T4、T14、T15、T18 等 6 块煤岩样按上述取样方法进行取样。平行煤层方向和垂直煤层方向的纵横波速度测试结果及速度各向异性系数见表 4-15。

分析测试结果可知，如图 4-27 所示，平行煤层方向的纵横波速度普遍大于垂直煤层方向的纵横波速度，且纵波速度的差异明显大于横波速度。图 4-28 直观地表示了煤岩样纵横波速度各向异性系数的大小。从图中可以看出：煤岩样的纵波速度各向异性最大可达到 20.87%，但最小只有 1.56%，横波速度的各向异性最大可达到 9.6%，但也有样品的各向异性较弱，不同样品的纵横波速度的各向异性有明显的差异，且纵波速度的各向异性明显大于横波速度。

图 4-29 表达了 T14 和 T18 煤岩样纵横波速度各向异性系数与压力的关系。从图中可以看出，煤岩样纵横波速度各向异性随着压力的增加而减小，纵波速度各向异性随压力的变化明显大于横波速度各向异性，表明纵波速度各向异性受压力的影响更大。

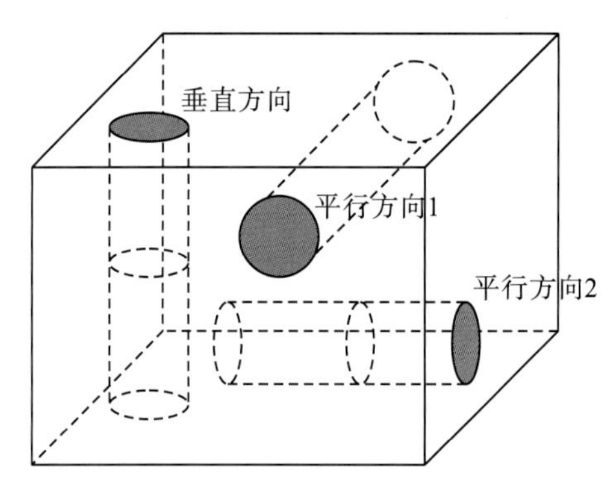

图 4-26　煤岩三轴取样示意图

表 4-15　煤岩样速度各向异性测试结果(常温常压下)

样号	V_{hP} /(m/s)	V_{vP} /(m/s)	ε_{vP} /%	V_{hS_1} /(m/s)	V_{vS_1} /(m/s)	γ_{vS_1} /%	V_{hS_2} /(m/s)	V_{vS_2} /(m/s)	γ_{vS_2} /%
T2	2565	2401	6.39	1312	1306	0.46	1327	1319	0.60
T3	2753	2710	1.56	1452	1360	6.34	1448	1359	6.15
T4	2573	2512	2.37	1325	1330	−0.38	1362	1351	0.81
T14	2722	2154	20.87	1223	1121	8.34	1240	1121	9.60
T15	3070	2753	10.33	1436	1380	3.90	1482	1395	5.87
T18	2470	2141	13.32	1125	1018	9.51	1101	1013	7.99

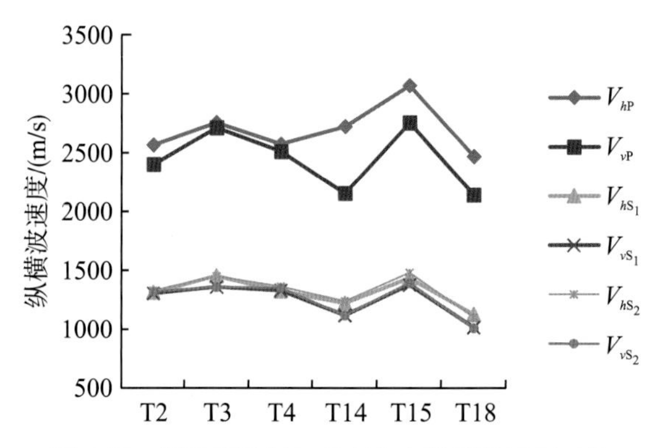

图 4-27　煤岩样平行与垂直方向纵横波速度对比

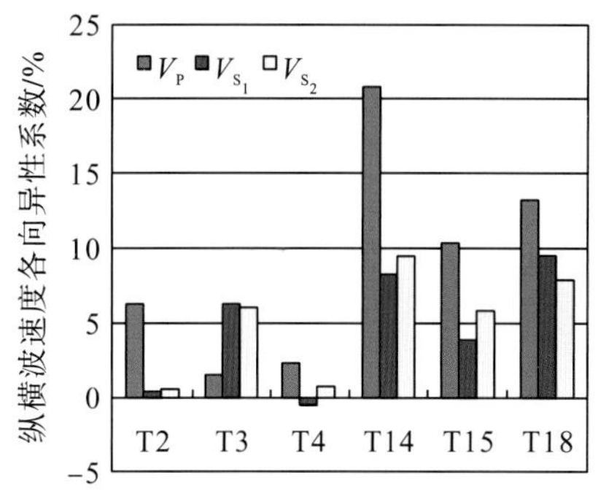

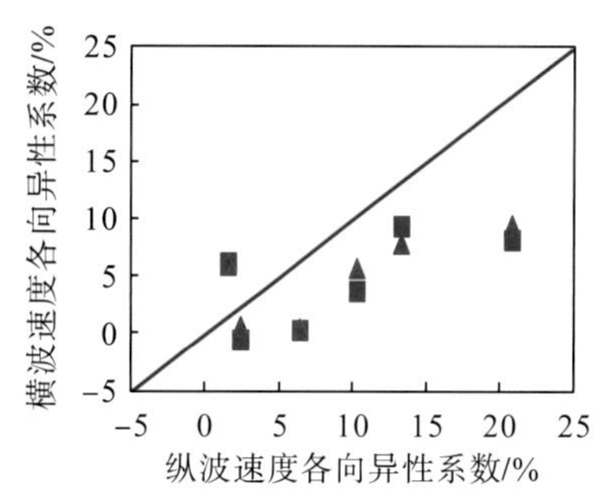

图 4-28　煤岩样纵横波速度各向异性系数对比

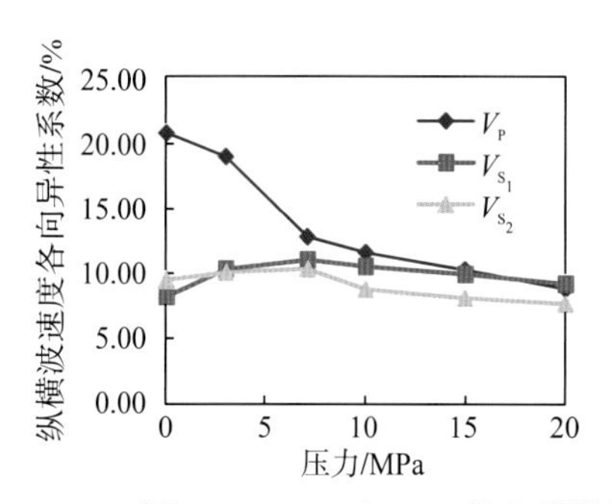

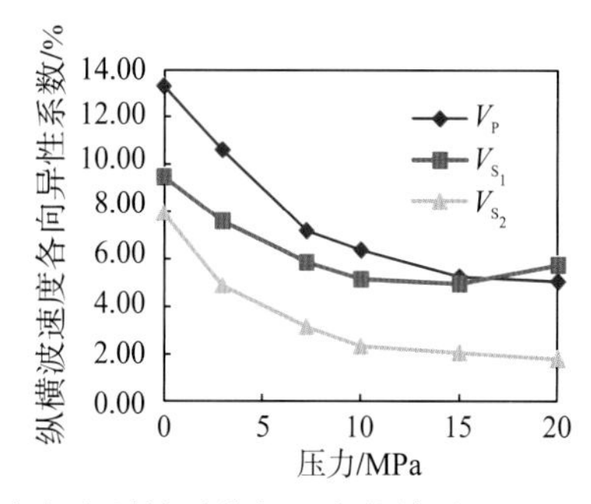

图 4-29　T14 和 T18 煤岩样纵横波速度各向异性系数与压力的关系

4.6　HS 地区煤层气储层物性参数变化规律综合分析

对沁水盆地 HS 地区煤层气有利区带的煤矿进行野外踏勘，获取并分析了相关地质资料，采集了井下煤岩样和顶板样。初步形成了包括煤岩样和顶板样采集、样品制备及测试分析的基本岩石物理参数测试技术。通过应用 MTS 岩石物理参数测试系统对煤岩样进行岩石物理参数测试，获得试验区煤层气有利区带储层岩石物理参数测试数据，获得了中高煤阶密度、纵横波速度的分布范围，煤层纵横波速度之间具有良好的线性关系，煤岩样、顶板样在纵横波衰减方面存在一定的差异。煤层的弹性特征与盖层有着明显的不同并具有较强的各向异性和非线性特征。总结了沁水盆地 HS 地区煤层气储层地层条件下的岩石物理特征，为岩石物理模型、实际模型的数值模拟和波场特征分析提供基础实验数据和依据。这些实验关系模型构成了煤层气地震预测技术的岩石物理基础，为煤层气的预测提供了一种途径。

(1)针对煤层气储层岩石物理参数测试的要求，对成都理工大学“油气藏地质及开发工程”国家重点实验室引进的美国 MTS 公司“MTS 岩石物理参数测试系统”进行了改造。升级了该系统压力环境的软件系统和控制系统。通过该系统，可以完成模拟各种煤层气地层条件下的超声波、岩石力学等多项参数的测试，从而建立煤层气储层条件下的超声波模拟环境和测试技术。

(2)针对煤岩样研究需要，在沁水盆地和顺地区 4 个煤矿，在煤矿综放面等处采集大块煤岩样 42 块。由于煤岩样的层理、节理非常发育，各种微孔隙、裂隙较多，且分布不均匀，呈现明显的非均质特性，煤强度低，相对比较软易破碎，在室内钻取等制样技术环节克服各种困难，按垂直和平行煤层和岩层层理沿三个相互垂直的方向钻取煤岩样，制成直径 50mm 左右、高度为 45～100mm、平整度、光洁度、平行度较好的煤岩样 114 块，选取典型煤岩样 45 块进行了岩石物理参数测试。

(3)通过煤岩样和顶板样岩石物理实验测试，获得了 41 块沁水盆地和顺地区太原组 15 号典型煤岩样与顶板样在地层温压环境下的纵横波速度、动静弹性参数、纵横波品质因子等大量的岩石物理参数。

(4)实验煤岩样和顶板样的储层物性有着明显不同的特征。煤岩样的密度为 1.19～1.57g/cm^3，平均密度 1.34g/cm^3，顶板样平均密度为 2.56g/cm^3，煤岩样密度远小于顶板样。煤岩样孔隙度为 6.82％～17.44％，平均孔隙度为 12.18％，顶板样平均孔隙度为 5.29％，煤岩样孔隙度明显大于顶板样。煤岩样的密度随着孔隙度的增加有变小的趋势、但两者之间的相关关系较差，顶板样密度随着孔隙度的变大而减小，两者之间存在一定的相关关系。

(5)煤岩样的平均纵横波速度为 2448m/s、1220m/s 和 1222m/s。顶板样的平均纵横波速度为 4402m/s、2643m/s 和 2698m/s。煤岩样的纵横波速度明显低于顶板岩样，纵横波速度只有顶板样的 56％和 46％。

(6)煤岩样的纵横波速度随着密度的增加而增大，两者之间存在一定的幂指数相关关系。煤岩样的纵横波速度随着孔隙度的增加有变小的趋势，但两者之间的相关性较差。

(7)实验获得煤岩样纵波速度与密度转换的实验关系式。

(8)煤岩样的纵横波速度随着压力的增加而增大，多数煤岩样的纵横波速度与压力之间表现出较好的二次项相关关系。压力由常压变化到 20MPa 时，煤岩样纵横波速度的增加率可达到 9.17％和 6.34％，顶板样的增幅为 4.28％和 3.82％，煤岩样纵横波速度受压力的变化影响大于顶板样。

(9)通过实验室测试获得的煤岩样纵横波速度之间具有较好的相关关系。纵横波的相关关系式，对于地震勘探中应用纵波速度预测煤层气储层的横波速度具有实践指导意义。

(10)煤岩样的平均杨氏模量、剪切模量、体积模量、拉梅常数都比较低，只有顶板样的 12.6％、11.5％、21.6％、30.9％，远低于顶板样的弹性参数。煤岩样的泊松比和纵横波速度比则明显高出顶板样，分别高出 65％和 22.6％。表明煤岩样的弹性特征与顶板样具有明显的不同。

(11)煤岩样的杨氏模量、剪切模量、体积模量和拉梅常数随着密度的增加而增大，两者之间存在较好的幂指数相关关系。煤岩样的泊松比、纵横波速度比随着密度的增加而减小，两者之间存在较好的幂指数相关关系。煤岩样的杨氏模量、剪切模量、体积模量和拉梅常数随着孔隙度的增加有减小的趋势，煤岩样的泊松比、纵横波速度比随着孔隙度的增加有增加的趋势，但相关性很差。

(12)煤岩样的杨氏模量、剪切模量、体积模量、拉梅常数随着压力的增加而增大，它们与压力之间存在较好的二次多项式相关关系。多数煤岩样的泊松比和纵横波速度比随压力变化的规律性较差。在压力从常压变化到 20MPa 时，煤岩样弹性参数的相对变化幅度大于顶板岩样，表现出煤岩样对压力的敏感性大于顶板岩样。

(13)静力学测试结果表明：煤岩样的平均抗压强度为 69MPa、顶板样为 129MPa，煤岩样的抗压强度远低于顶板样，平均只有顶板样的 53%。煤岩样的动、静杨氏模量都远小于顶板样，平均只有顶板样的 17%和 30%。煤岩样的静、动泊松比都远大于顶板样，平均高出 105%和 46%。

(14)煤岩样的纵横波品质因子随着密度的增加而增大，两者之间具有一定的相关关系。但与孔隙度之间的相关性较差。

(15)在常温状态下，多数煤岩样的纵横波品质因子随着压力的增加而增大，压力从常压变化到 20MPa 地层压力时，纵横波品质因子的变化可达到 30%～40%，远大于纵横波速度的变化幅度(10%以下)，说明纵横波动力学特征的变化大于运动学特征。

(16)煤岩样纵横波速度各向异性实验测试表明：不同煤岩样品的纵横波速度的各向异性有明显的差异，且纵波速度的各向异性明显大于横波速度。煤岩样纵横波速度各向异性随着压力的增加而减小，且纵波速度各向异性受压力的影响更大。

第 5 章　动力学非线性系统特征及非线性参数计算

煤层气储层可看作在漫长的岁月中经过多次非均匀和非线性的地质作用下长期演化后的一种最终结果，储层的岩性和物性均表现出很强的非均匀和非线性性质，这与混沌理论着眼研究系统运动长期演化后的最终归缩和系统的运动轨道最终的趋势问题是一致的。因此，我们利用混沌理论恢复储层系统的动力学特征，以研究煤层气储层的复杂程度和变化规律。

5.1　动力学非线性系统特征

对于一维非线性系统，通常表示为(李云，1998)：

$$x_{n+1} = F(\lambda, x_n) \tag{5-1}$$

式中，F 为非线性函数；λ 为参数；x_n 为状态变量。描述二维离散系统的著名方程是 Hénon 在 1976 年提出的模型：

$$\begin{aligned} x_{n+1} &= 1 - a x_n^2 + b y_n \\ y_{n+1} &= b x_n \end{aligned} \tag{5-2}$$

其中，$b \neq 0$($b=0$ 时退化为一维迭代)。

动力系统按变量之间的关系，划分为线性的与非线性的两类。线性系统最基本的特点是具有叠加性。如果系统的两个输入作用之和引起的行为响应等于它们分别引起的行为之和，则称这种特性为叠加性，系统就是线性系统。不具有叠加性的系统是非线性系统。线性系统不可能出现混沌。混沌是非线性系统的通有行为，但也并非任何非线性都导致混沌。混沌学研究的是确定性的非线性动力系统，如式(5-1)、(5-2)即是这一类。

数学上对于线性系统与弱非线性系统已经有了一系列的研究方法，实际上也大都有现成的计算机程序。动态映射直接是一种迭代过程，按理是更容易研究，但自然界的动态更多的是强非线性系统，尽管它的数学模型可能形式上很简单，依然可以随着所含参数的改变而呈现出强非线性，从而复杂性增加，常常出现混沌的状态。

运动方程中以系数形式出现的常数称为系统的控制参数；以参数为轴形成的空间称为控制空间或参数空间。参数的不同取值对系统的动态特性有很大影响，控制参数的连续变化，在某些关节点上可能引起系统结构和行为的定性改变。混沌动力学经常在参数空间中考察系统的演化。为了同时反映出参数和初始条件对动态特性的影响，混沌学在由状态空间和参数空间构成的乘积空间中进行考察。

动力系统是从模型的状态空间到姿态空间的映射

$$\Phi: M \times R \rightarrow M \tag{5-3}$$

其中，$M \times R$ 是系统模型的状态空间，即系统在变化过程中所有可能状态的集合，而可

微流形 M 是姿态空间。

对 M 中确定的初始点 $x \in M$，得到动力系统中一条轨线，它用偏映射表示为

$$\Phi x : M \to M \tag{5-4}$$

如果取定时间间隔 $\Delta t = \tau$，从动力学系统 Φ 得到的另一种偏映射，它表示任何给定 $x \in M$ 的下一个动态点 $\Phi_{\tau}(x) \in M$。

一般的规律是，就可微流形 M，可以找到一个不可列的不变子集 Λ，使动态映射：

$$f : \Lambda \to \Lambda \tag{5-5}$$

有无穷多个周期点，它们在 Λ 中稠。由于这些周期点(包括不动点在内)的不稳定性和排斥性就在 Λ 中 f 有一个非周期的稠轨道，从而构成 Λ 是 f 的一个混沌集。

5.2 动力学非线性系统的混沌特征

混沌是确定性非线性系统的内在随机性，内在随机性是动力系统本身所固有的，并不是由于外界的干扰，内在随机性是系统在短期内按确定的规律演化且有一个可预报期限，只是在足够长的时间后系统才变为不确定。这种随机性是系统对初值的敏感依赖性而产生的，系统处于混沌状态并非毫无规则、一片混乱。相反，存在着复杂而精致的几何结构，包含有更多的内在规律性。诸如微分支、周期窗口、自相似层次嵌套结构、周期轨道的排序等。也就是说，混沌现象是丝毫不带随机因素的固定规则所产生的。确定性系统中的混沌运动具有以下特征：它的柯尔莫哥洛夫熵大于零，而且它至少有一个正的 Lyapunov 指数，同时运动是落在一个称为“奇怪吸引子”的分维几何体上。混沌的时域波形是噪声似的复杂波形，响应的功率谱为连续谱，其彭加勒影响映象为“随机”分布的点组成。研究动力系统的混沌机制重要的现实意义是：它说明精确的预测从原则上讲是能够实现的，加上计算机的快速跟踪，就能够深入地研究各种强非线性系统的特征，开创模型化的新途径。混沌集又常常具有分数维特征，所以也与分形有关。

5.2.1 混沌的产生

动力学系统可以用这样一些方法去描述：常微分方程、偏微分方程及简单的迭代方程等，但并不是所有的系统都会产生混沌现象，而必须具备以下两个条件：

(1)方程是确定性的；

(2)方程是非线性的，即线性方程不会产生混沌现象，而非线性方程才可能产生混沌现象。

混沌可以直观地理解为确定性方程中所产生出的随机现象。例如，通过对 Logistic 方程：

$$x_{n+1} = ux_n(1 - x_n) \qquad u \in [0,4], x \in [0,1] \tag{5-6}$$

解的分析可以发现 Logistic 方程的混沌演化。系统经过不断的周期倍增而进入混沌。由倍周期分叉通向混沌的道路是一条重要的通向混沌的途径。

5.2.2 混沌的特征

（1）确定性混沌系统的一个显著特点是对初值条件的敏感依赖性，初值的微小变化会导致完全不同的结果。那么，就意味在系统演化的相空间中从两个相邻的初始点开始的相互靠近的两条演化轨线，随着时间的推移，它们将呈指数函数分开。若假设系统的演化方程为

$$x_{n+1}=f(x_n) \tag{5-7}$$

若初始值为 x_{01}，x_{02}，$d_0=x_{01}\sim x_{02}$，经 n 次迭代后，

$$d_n=|f^n(x_{01})-f^n(x_{02})|\doteq\frac{\mathrm{d}f^n(x_{01})}{\mathrm{d}x}(x_{01}-x_{02})$$
$$=\mathrm{d}_0\cdot\mathrm{e}^{\lambda n} \tag{5-8}$$

其中，λ 则称为 Lyapunov 指数。λ 代表相邻点之间距离的平均辐射率，λ 可进一步具体化为

$$\lambda=\frac{1}{n}\sum_{i=0}^{n-1}\ln|f(x_i)| \tag{5-9}$$

当 $\lambda>0$ 时，d_n 呈指数增长，系统向混沌演化，具有正的 Lyapunov 指数；

当 $\lambda<0$ 时，d_n 呈指数收缩，系统趋于稳定解；

当 $\lambda=0$ 时，$d_n=d_0$，系统处于临界状态。

对于高维系统，由于加在初值上的微扰是一个高维矢量，它的扩张和收缩在不同方向是可以不同的，一般地，对于映象系统：

$$\overrightarrow{x}_{n+1}=F(\overrightarrow{x_n}) \tag{5-10}$$

其中

$$\overrightarrow{x_n}=(x_n^0,x_n^1,\cdots,x_n^m) \tag{5-11}$$

定义一个 $m\times m$ 的雅可比矩阵

$$\boldsymbol{J}_{ij}(\overrightarrow{x_n})=\frac{\partial F(\overrightarrow{x_n})}{\partial x_n^j} \tag{5-12}$$

那么通过沿轨道的雅可比矩阵乘积获得的矩阵 $\boldsymbol{J}^{(N)}$ 的特征值 $\Lambda_i^{(N)}$，可以给出这个映象系统的所有的 Lyapunov 指数：

$$\lambda_i=\lim_{N\to\infty}\frac{1}{N}\ln|\Lambda_i^{(N)}| \tag{5-13}$$

将它们从大到小依次排列，就得到高维映射系统的 Lyapunov 指数谱。其中，最大 Lyapunov 指数 λ_1 描述了大多数微扰矢量构造的面的面积变化，而 $\lambda_1+\lambda_2$ 则描述了两个微扰矢量构造的面的面积变化，依次类推，$\lambda_1+\lambda_2+\cdots+\lambda_s$ 描述了 s 个微扰矢量构造的超体的体积变化。如果 $\lambda>0$，轨道就是混沌的。

耗散系统在演化过程中由于物质、能量的耗散，在相空间中相体积会不断收缩，各种各样的运动模式在演化过程中逐渐衰亡，最后只剩下少数自由度决定系统的长期行为。即耗散系统的运动最终将趋向于维数比原始相空间低的极限集合，这个极限集合称为吸引子(attractor)。吸引子可分为平庸吸引子和奇怪吸引子。相图最终收缩形成形态奇异的相轨道或相点集，称为奇怪吸引子，奇怪吸引子对应于系统的混沌运动。

(2)自相似性。整体上有规律性，但内部结构又有很好的相似性，即系统整体与局部或局部与局部之间在形态性质等方面是自相似的。

(3)系统是整体稳定而局部不稳定的。

(4)运动轨道在相空间中的几何形态具有分形和分维性质。

(5)具有连续的功率谱。

(6)普适性。不同系统的混沌程度是不一样的，即对不同的混沌系统，它们具有某些普适性常数。

5.2.3　动力学非线性系统的分形特征

美国数学家 Mandelbrot 于 1975 年首次提出了“分形”(fractal)这个术语，但目前还没有严格的数学定义。粗略地说，分形是对没有特征长度但具有一定意义的自相似图形和结构的总称。曼德尔布罗特曾给过一个尝试性的定义：分形 F 是其豪斯道夫(Hausdorff)维数严格大于其拓扑维数的集合；也有这样的定义，即组成部分以某种方式与整体相似的形体叫分形。不过这两个定义都不够精确与全面。目前人们一般赞同英国数学家法尔科内(K. Falconner)对分形 F 的描述：

(1)F 具有精细的结构，即是说在任意小的尺度之下，它总有复杂的细节。

(2)F 是如此地不规则，以至它的整体和局部都不能用传统的几何语言来描述。

(3)F 通常具有某种自相似性，这种自相似性可是近似的，也可是统计意义上的。

(4)一般地，F 的分形维数通常都大于它的拓扑维数。

(5)在大多数令人感兴趣的情形下，F 可以以非常简单的方法定义，由迭代产生。

分形可分为两大类：一类是线性分形，另一类是非线性分形。在线性分形中，沿不同方向的伸缩比都一样。在非线性分形中，包括比较简单的自仿射分形，沿不同方向的伸缩比不一样。非线性分形更复杂，但更普遍、更能反映出自然界的本质几何特征。

分形揭示了不同层次系统间的自相似性，所以，任何分形的集合都有精细的结构，都有某种程度的自相似性，它们由以某种方式与整体相似的部分组成，这种相似性可以是近似的，也可以是统计意义的自相似性。

描述分形的定量参数，即分维数有 Hausdorff 维、自相似维、盒维数、信息维、关联维和填充维等，它们是分形集合复杂性的一种度量。

5.2.4　煤层气储层地震信号非线性特征

煤层气储层作为一个耗散的非线性动力学系统，其演化过程的遗迹均包含于沉积地层中。沉积地层的结构和组成反映了沉积盆地的动力学特征，地震信号是这一演化过程的物理响应，必然包含了大量系统演化特征的信息，即多种非线性特征。事实上，地层介质是黏滞弹性的，没有一套实际的地下岩层对地震波没有黏滞吸收。地层越松散吸收越大。而且弹性也是非线性的，各个地震波相互作用，互不独立，两个不同频率的波干涉后产生新的具有合频或差频的波，这个新波与原始波相互作用引起介质的复杂振动。

而波在行走过程中压力改变，从而引起行进速度及子波波形的改变。这种非线性取决于孔隙度、裂缝发育程度及孔隙流体(水、空气、天然气)的饱和度。因此地层上多孔岩层具有非线性性质。此外，由于岩层各种化学变化和物理变化，岩层随时间在改变着自己的特性，同时放射出能量，产生高频微振、发热、发声或放光，成为“主动”的震体，含气层及矿物这种活动可能更明显。可以说，地震波在地下的传播是一个非线性的过程，这在物理模型实验中也得到了证实。研究表明，在一定的条件下，地震信号是 $1/f$ 信号，即地震信号的功率谱满足 $S(f) \propto \frac{1}{f^r}$ 关系。

煤层气储层具有自相似性结构的分形系统特征和动力学系统的混沌特征。因此，储层在沉积及其演化过程完全是一个非线性过程，储层是一个非线性系统，地震波在其中的传播也是非线性过程，其地震信号为非线性时间序列。

5.3　相空间的重建

地震反射序列可视为单变量时间序列，它包含了大量系统演化特征信息，如何利用这个一维时间序列尽可能多地提取反映系统动力学特征的参数呢？常用的方法是对一维时间序列的维数进行扩充和延拓，即所谓相空间重建。

对于一个 n 维流(含 n 个变量)的动力学系统，可用 n 个一阶微分方程来描述

$$\frac{\mathrm{d}x_i}{\mathrm{d}t} = f_i(x_1, x_2, \cdots, x_n, \mu) \tag{5-14}$$

式中，t 表示时间；$\{x_i, i=1, 2, \cdots, n\}$ 是一个 n 维的状态向量；$f_i(x_1, x_2, x_3, x_4, \cdots, x_n, \mu)$是一个 n 维函数向量，其中 μ 为系统的控制参数。用消元变换可将式(5-14)变换为一个 n 阶非线性微分方程：

$$x^{(n)} = f(x, x^{(1)}, x^{(2)}, \cdots, x^{(n-1)}) \tag{5-15}$$

此时状态空间的坐标就由$(x, x^{(1)}, x^{(2)}, \cdots, x^{(n-1)})$或$(x^{(1)}, x^{(2)}, \cdots, x^{(n)})$来代替。式(5-15)描述了与式(5-14)同样的动力学特征，它在由坐标 $x(t)$加上其导数序列$\{x^{(j)}\}(j=1, 2, \cdots, n-1)$所构成的空间中演变。因此，这种代替并不损失该动力系统演化的任何信息。1981 年，法国科学家 Ruelle 提出了用离散的时间序列 $x(t)$和它的$(n-1)$个时延位移 $x(t+\tau)$，$x(t+2\tau)$，…，$x[t+(n-1)\tau]$来代替式(5-15)中的 $x(t)$和它的导数序列，其中 τ 称为时延参数。

设地震道时间序列为

$$x(t_0), x(t_1), \cdots, x(t_i), \cdots, x(t_n) \tag{5-16}$$

将该序列可延拓为 m 维相空间：

$$\begin{bmatrix} x(t_0) & x(t_1) & \cdots & x(t_i) & \cdots & x[t_n-(m-1)\tau] \\ x(t_0+\tau) & x(t_1+\tau) & \cdots & x(t_i+\tau) & \cdots & x[t_n-(m-2)\tau] \\ x(t_0+2\tau) & x(t_1+2\tau) & \cdots & x(t_i+2\tau) & \cdots & x[t_n-(m-3)\tau] \\ \vdots & \vdots & & \vdots & & \vdots \\ x[t_0+(m-1)\tau] & x[t_1+(m-1)\tau] & \cdots & x[t_i+(m-1)\tau] & \cdots & x(t_n) \end{bmatrix} \tag{5-17}$$

式(5-17)中，$\tau = k\Delta t(k=1, 2, \cdots)$。式(5-17)中的每一列构成 m 维相空间的一个相点，任意相点 $x(t_i)$ 有 m 个分量：$x(t_i)$，$x(t_i+\tau)$，$x(t_i+2\tau)$，…，$x[t_i+(m-1)\tau]$。上述$[n-(m-1)\tau]$个相点间的连线便形成了 m 维相空间的演化轨道(图5-1)。这样，原来的状态空间就被嵌入相空间所代替。

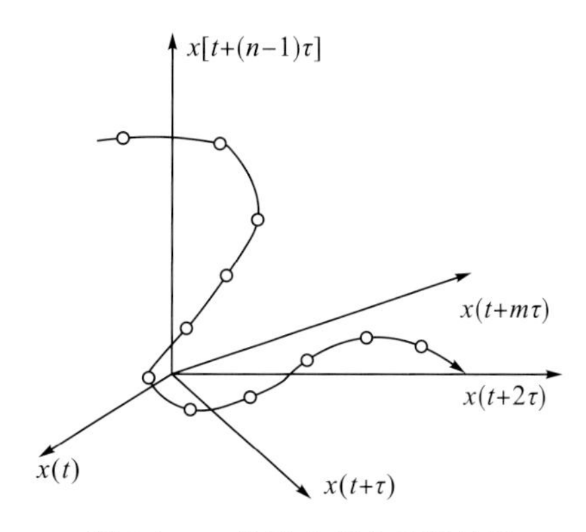

图5-1　m 维嵌入相空间的轨道

5.4　地震信号关联维数计算

相空间建立后，接着便是求相空间的维数，即吸引子的维数，此维数又称关联维。设 m 维相空间中的一对相点为(y_i, y_j)：

$$\begin{aligned} y_m(t_i) &= \{x(t_i), x(t_i+\tau), \cdots, x[t_i+(m-1)\tau]\} \\ y_m(t_j) &= \{x(t_j), x(t_j+\tau), \cdots, x[t_j+(m-1)\tau]\} \end{aligned} \tag{5-18}$$

设它们之间的距离，即欧氏模为 $r_{ij}(m)$，则

$$r_{ij}(m) = \| y_m(t_i) - y_m(t_j) \| \tag{5-19}$$

任给一标度 r，统计相空间中距离小于 r 的点对数目在所有点对中所占的比例：

$$C(m,n,r) = \frac{1}{N^2}\sum_{i,j=1}^{N} H(r - \| y_i - y_j \|) \tag{5-20}$$

其中，N 为相点总数，$N=n-(m-1)\tau$，H 是 Heaviside 阶跃函数：

$$H(x) = \begin{cases} 0 & x<0 \text{时} \\ 1 & x \geqslant 0 \text{时} \end{cases} \tag{5-21}$$

为了加快运算速度，考虑到 $\| y_i - y_j \| = \| y_j - y_i \|$，则可将式(5-20)改写为

$$C(m,n,r) = \frac{1}{N^2}\sum_{i=1}^{N-1}\sum_{j=i+1}^{N} H(r - \| y_i - y_j \|) \tag{5-22}$$

若 r 选得太大，则任何一对矢量都发生“关联”，则 $C(m, n, r)=1$，取对数后为0，这样的 r 不能反映系统的内部性质；若 r 选得过小，噪声将在任何一维上都起作用，则 $C(m, n, r)\to 0$。只有当在适当的标度区间内 $C(m, n, r)$随 r 的变化呈幂函数形式：

$$C(m,n,r) = r^{D(m)} \tag{5-23}$$

则有

$$D(m)=\left|\frac{\ln C(m,n,r)}{\ln r}\right| \tag{5-24}$$

$D(m)$称为关联维。

在应用中，画出 $\ln C(r)$-$\ln r$ 的曲线，考察其间的最佳拟合直线，则该直线的斜率就是 D。为了使 m 的选择合适，可以增大 m，通常 D 也相应增大，到一定的 $m=m_{\min}$，此后 D 不再增大且近于不变，那么，$m_{\min}$就可以视为能容纳该奇怪吸引子的最小重构相空间维数。也就是该时间序列的关联维数。

计算关联维数的具体作法是：先给定一较小的 m，根据所取的 N'个 r 值和与其对应 N'个 $C(m, n, r)$值，作出 $\ln C(m, n, r)$-$\ln r$ 曲线，而其直线部分的斜率即为 $D(m)$。不断地提高嵌入维数 m，重复上述步骤，直至 m 达到某一值 m_c 时，相应的关联维数的估计值 $D(m)$不再随 m 的增长发生有意义的变化(即保持在给定的误差范围内)为止，此时所对应的 m 值被称为饱和嵌入维数(即 m_c)。

实践证明，实际系统的尺度变换受到上下端限制，即在 $\ln r$-$\ln C(r)$平面上，点列 $\{[\ln r_i, \ln C(r_i)], i=1, 2, \cdots, n\}$的分布可划分为三段，中间线性好的近似直线段称为无标度区，如图 5-2 所示。

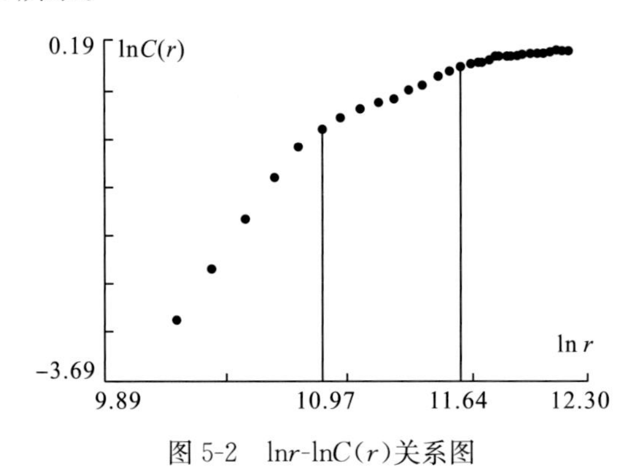

图 5-2　$\ln r$-$\ln C(r)$关系图

关联维计算中，当码尺选得太大、太小时，关联函数都不能反映系统的内部性质，这时 $\ln C(r)$-$\ln r$ 曲线大致呈三折段形状，只有中间一段线性段才表明了系统的分形特征。因此，在直线拟合时，应将这一段截取出来。

设给定曲线有 m 个点，点的坐标为(u_i, v_i)，$i=1, 2, \cdots, m$，求序号 n_1，n_2，$(1<n_1<n_2<m)$得

$$G(n_1,n_2)=\sum_{k=1}^{3}\sum_{i}(u_i-a_k-b_k u_t)^2$$

达到最小。其中，$k=1, 2, 3$，即分为 1，2，3 段，n_1 为第一段的点数，n_2-n_1 为中间段(无标度区)的点数，$G(n_1-n_2)$为三段拟合误差之和，a_k 和 b_k 分别为第 k 段的截距和斜率。计算时不断移动 n_1，n_2，求得与 n_1，n_2 对应的拟合差 $G(n_1-n_2)$，比较所有拟合差的大小，若 $G(n_1-n_2)$最小，则对应的(n_1-n_2)分别为无标度区始末端点。

5.5　地震信号 Lyapunov 指数的计算

Lyapunov 指数分析是一种比较好的方法，它一方面能判断系统的行为是否是混沌的，它是储层演化的混沌度判别指标；另一方面，它与相空间随时间长期变化的总体特征相关联。

对于一个 n 维流的动力系统：

$$\frac{\mathrm{d}f}{\mathrm{d}\boldsymbol{X}_i} = \boldsymbol{f}_i(X_1, X_2, \cdots, X_n; \mu) \quad i = 1, 2, \cdots, n \tag{5-25}$$

这里$(X_1, X_2, \cdots, X_n)$是一个 n 维的状态向量，并由它构成了一个 n 维的相空间，$\boldsymbol{f}_i(X_1, X_2, \cdots, X_n; \mu)$是一个 n 维函数向量，μ 是系统的控制参数，它的取值决定了相空间吸引子的类型，若系统是耗散的，即它是相空间的收缩流，则

$$\sum_{i=1}^{n} \frac{\partial f_i}{\partial x_i} < 0 \tag{5-26}$$

如果用 $\{\delta\boldsymbol{X}_i(t), i=1, 2, \cdots, n\}$ 表示 t 时刻系统的误差，那么，只要 $\{\delta\boldsymbol{X}_i\}$ 足够小，则误差 $\delta\boldsymbol{X}_i$ 的增长率由下列微分方程控制：

$$\frac{\mathrm{d}\delta\boldsymbol{X}_i}{\mathrm{d}t} = \sum_{i=1}^{n} A_{ij}\delta\boldsymbol{X}_i \tag{5-27}$$

系数 A_{ij} 是式(5-26)右端项的雅可比矩阵元素：

$$A_{ij} = \left.\frac{\partial \boldsymbol{f}_i(X_1, X_2, \cdots, X_n; \mu)}{\partial \boldsymbol{X}_j}\right|_{X=X_0} \tag{5-28}$$

A_{ij} 随时间演化的 $x(t)$ 的变化而变化。

由误差向量 $\delta\boldsymbol{X}_i(i=1, 2, \cdots, n)$ 所构成的空间称为切空间，在切空间中，考察一个以 X 为中心，W_0 为直径的 n 维无穷小球面的长时间变化(图 5-3)。

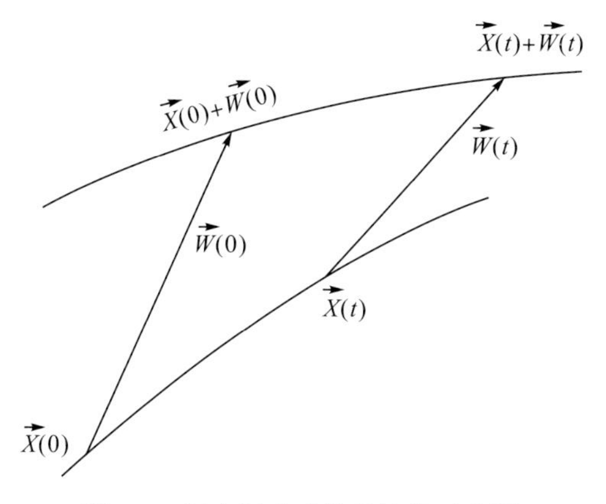

图 5-3　切空间内系统的演化示意图

由于初值条件的敏感性和局部形变，该球面将变为椭球面，而雅可比矩阵 A_{ij} 的特征值可以给出某一确定时刻相体积在各个方向的指数变化率，可用各个方向基轴的长度 $W_i(t)$，与初始小球的直径 $W_i(0)$ 间的比值表示在切空间中的不同方向上的指数增长率，即

$$LE_i = \lim_{t \to 0} \frac{1}{t} \ln \frac{W_i(t)}{W_i(0)} \quad (i = 1,2,\cdots,n) \tag{5-29}$$

上式即为系统第 i 个 Lyapunov 指数的定义，切空间中每个基轴都有一个 Lyapunov 指数，若按大小顺序排列：

$$LE_1 > LE_2 > \cdots \geqslant LE_n \tag{5-30}$$

称为 Lyapunov 指数谱，LE_1 称为最大 Lyapunov 指数，它是判别系统行为是否为混沌的重要的定量标志，而

$$LE^+ = \sum_{LE_i > 0} LE_i \quad (i = 1,2,\cdots,n) \tag{5-31}$$

则描述了相空间中一个小体积元在其伸长方向的平均指数增长率称为混沌度。

总之，Lyapunov 指数是相空间不同方向相对运动的局部变形的平均，是系统整体特征的一个表示。对于保守系统，由于相对体积守恒，所以，$LE_i = 0$。对于耗散系统，其相空间总体上是收缩的，所以 $LE_i < 0$，在 $LE_i < 0$ 的方向上，其相空间总体上是收缩的，该方向的运动是稳定的，所以，对于耗散系统，至少有一个 Lyapunov 指数小于 0。另外，每一个正的 Lyapunov 指数反映了体系在某个方向上的不断膨胀和折叠，使得吸引子邻近的状态变得越来越不相关。系统初值的任意性将导致系统长时间行为不可预测性，即初值敏感性，此时运动处于混沌状态。

1985 年，Wolf 根据 Lyuapunov 指数的定义及其几何意义，提供了以单变量时间序列求取最大 Lyapunov 指数 LE_1 的方法，其方法如下：

(1)根据时间序列重构 m 维相空间。

(2)延拓的 m 维相空间里，取初值相点 $A(t_0)$为参考点(图 5-4)。

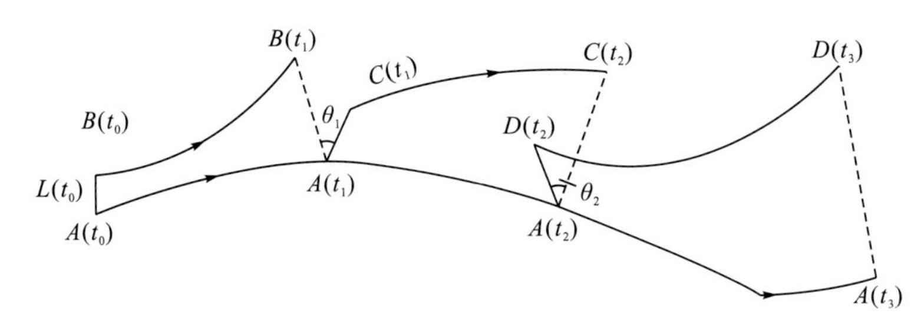

图 5-4　相空间演化示意图

(3)求取 $A(t_0)$与其余各点的距离，并找出它的最近邻点 $B(t_0)$，距离为 $L(t_0)$；设在时刻 $t_1 = t_0 + k\Delta t$，$A(t_0)$点演化到 $A(t_1)$，同时 $B(t_0)$演化到 $B(t_1)$，距离为 $l(t_1)$用 λ_1 表示在 $k\Delta t(k=1)$时间内线段的指数增长率，则

$$l(t_1) = L(t_0) e^{\lambda_1 \Delta l_k}$$

即：

$$\lambda_1 = \frac{1}{t_1 - t_0} \ln \frac{l(t_1)}{L(t_0)}$$

其中，$t_1 - t_0 = k\Delta t$。

(4)在若干个最近邻点用找到一个满足 θ 角很小的近邻点 $C(t_1)$[若找不到，仍取 $B(t_1)$，距离为 $L(t_1)$]。设在 $t_2 = t_1 + k\Delta t$ 时，$A(t_1)$发展到 $A(t_2)$而 $C(t_1)$发展到 C

(t_2)，距离为 $l(t_2)$则

$$\lambda_2 = \frac{1}{t_2 - t_1}\ln\frac{l(t_2)}{L(t_1)}$$

其中，$t_2 - t_1 = k\Delta t$。

将上述过程一直进行到点集$\{x_j\}$的终点，而后取指数增长率的平均值为最大的 Lyapunov 指数的估计值。

即

$$LE_1 = \frac{1}{N}\sum_{i=1}^{N}\ln\frac{l(t_i)}{L(t_{i-1})}$$

式中，N 为发展的总步数，$k\Delta t$ 为步长。

(5)增大相空间维 m，重复上述四步，直到 LE_1 保持平稳为止，这时的 LE_1 为最大 Lyapunov 指数。

Lyapunov 指数随相空间嵌入维数的增加容易趋于稳定值，这就使它预测地震序列横向变化的可靠性增大，这正是 Lyapunov 指数预测油气储层的优点。

5.6　地震信号突变参数的计算

对某段目的层地震数据 $\{x_i\}$ 来讲，可先取前 m 个点进行泰勒展开，并截取到四次项，并将泰勒展式化为尖点突变模型，得到控制变量的值，然后算出泰勒展式的平衡面方程，并求出它的判别式，由突变论知，可根据判别式的符号来判断系统是否发生突变，当判别式为负数，则系统发生了突变，再取前 $m+1$ 个数据，依次计算，从而得到该地震信号的突变次数，并据此来表征信号的突变特征。

将地震信号看成对时间变量 t 的连续函数 $x(t)$，$x(t)$可展开成级数形式如下：

$$y = x(t) = a_0 + a_1 t + a_2 t^2 + \cdots + a_n t^n + \cdots \tag{5-32}$$

式中，t 为时间；y 为对应 t 的位移；a_0，a_1，…，a_n，…为待确定的常数。实际分析发现，对具有一定趋势规律的时间序列，截取到四次项时，精度已足够高。这样式(5-32)可近似表达为

$$y = a_0 + a_1 t + a_2 t^2 + a_3 t^3 + a_4 t^4 \tag{5-33}$$

对上式作变量代换，化成尖点突变的标准形式，先令

$$t = z_t - q \tag{5-34}$$

式中，$q = a_3/4a_4$，将式(5-34)代入式(5-32)得

$$y = b_4 z_t^4 + b_2 z_t^2 + b_1 z_t + b_0 \tag{5-35}$$

式中

$$b_0 = a_4 q^4 - a_3 q^3 + a_2 q^2 - a_1 q + a_0 \tag{5-36}$$

$$b_1 = -4a_4 q^3 + 3a_3 q^2 - 2a_2 q + a_1 \tag{5-37}$$

$$b_2 = 6a_4 q^2 - 3a_3 q + a_2 \tag{5-38}$$

$$b_4 = a_4 \tag{5-39}$$

式(5-35)仍不是尖点突变的标准形式，作进一步变量代换，令

$$z_t = \sqrt[4]{\frac{1}{4b_4}}z \quad (b_4 > 0) \tag{5-40}$$

或

$$z_t = \sqrt[4]{-\frac{1}{4b_4}}z \quad (b_4 < 0) \tag{5-41}$$

这里，仅以 $b_4>0$ 为例进行分析。把式(5-40)代入式(5-35)

$$y = \frac{1}{4}z^4 + \frac{1}{2}az^2 + bz + c \tag{5-42}$$

式中，$c=b_0$ 为剪切项，它对突变分析毫无意义可言。a，b 分别为

$$a = \frac{b_2}{\sqrt{b_4}} \tag{5-43}$$

$$b = \frac{b_1}{\sqrt[4]{4b_4}} \tag{5-44}$$

式(5-42)即为以 z 为状态变量，以 a，b 为控制变量的尖点突变模型，由突变论知，平衡曲面方程为

$$z^3 + az + b = 0 \tag{5-45}$$

分叉集方程为

$$4a^3 + 27b^2 = 0 \tag{5-46}$$

只有在控制变量满足分叉集方程式(5-46)，系统才是不稳定的，才可能由一个平衡态突变到另一个平衡态。

5.7　煤层夹矸地质模型与地震响应非线性特征分析

煤层夹矸又称夹石层，指夹在煤层之中的其他岩层。夹矸多为泥质岩、黏土岩、高岭石黏土岩、炭质泥岩、石灰岩或砂岩。夹矸常呈层状、似层状或凸镜状。夹矸的存在使煤层结构复杂化，给开采带来一定困难，并使煤的灰分增高，降低煤的质量。而如何评估煤层夹矸情况，目前尚未存在一种较好的方法。

采用非线性方法技术，建立了一种煤层夹矸的模拟评估预测方法，该方法包括通过地震道时间序列建立相空间，求取相空间维数即关联维，再求取 Lyapunov 指数，并通过与预设模型对比利用关联维和 Lyapunov 指数推导出所测地质区域煤层夹矸情况，同时与常规属性参数对比。该方法通过对地震道信息进行扩充和延拓，建立相空间，并通过求取的关联维与 Lyapunov 指数计算推导出煤层夹矸情况，给煤层开采带来了极大的便利。

研究区 M2、M10 煤层均夹有一定数量的矸，这对煤储层地震反射特征有极大的影响。为了弄清这方面的地震响应特征，制作了夹各式矸类型和不同产状地质模型(见图 5-5)，以期获得其地震响应特征。

1)煤层夹矸地质模型及参数

如图 5-5 所示，在厚层泥岩中有一厚度为 5m 的煤层，煤层中夹一层到多层矸体，厚度(D)从 2.5～0.5m 不等的矸层，矸类型分别为泥矸、砂矸和灰矸。模型参数如下：

泥岩(背景)：V_P=3000m/s，Den=2.5g/cm^3；

煤层：厚度为 5m，V_P=2300m/s，Den=1.3g/cm^3；

砂矸：V_P=4200m/s，Den=2.6g/cm^3；

泥矸：V_P=3000m/s，Den=2.5g/cm^3；

灰矸：V_P=6000m/s，Den=2.75g/cm^3。

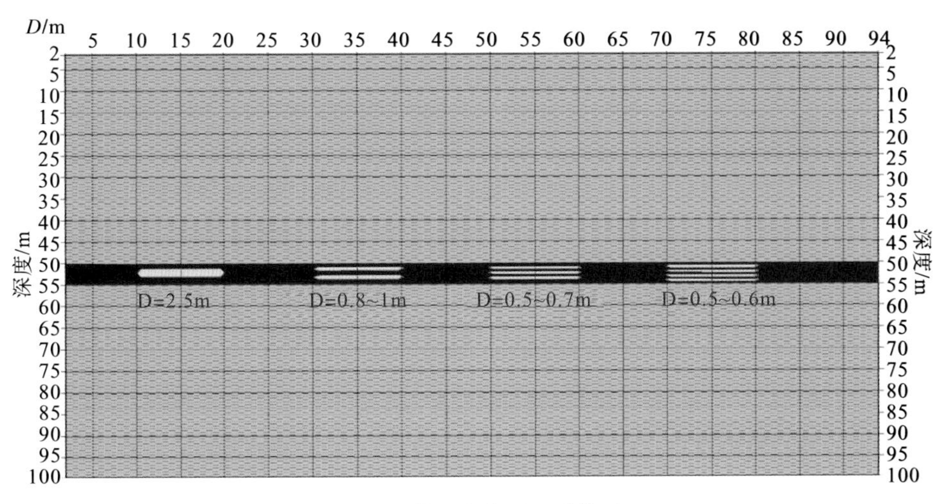

图 5-5　煤层中夹矸地质模型

以上各地质模型与雷克子波进行褶积后生成合成记录地震剖面，可分析地震响应特征。

2)煤层夹矸时的常规地震响应特征

从图 5-6 可以看出，薄煤层含矸后，振幅降低。①薄煤层含灰矸后振幅降低幅度大于含泥砂矸；②薄煤层含矸厚度增加，振幅降低幅度增大。

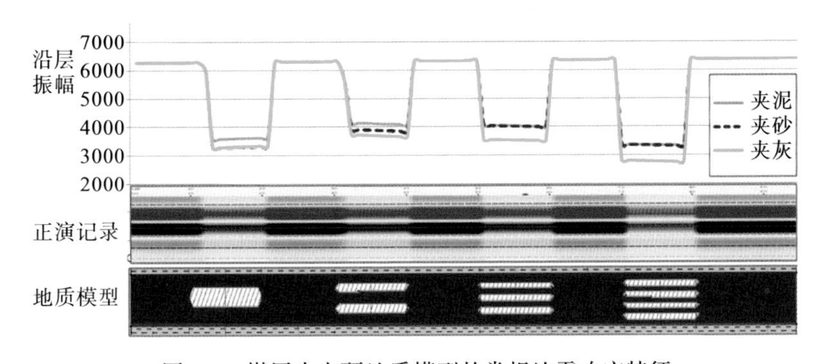

图 5-6　煤层中夹矸地质模型的常规地震响应特征

3)煤层夹矸时地震非线性属性响应特征

图 5-7 显示以下地震响应特征：薄煤层含矸类型不一样，非线性参数有明显的异常：①关联维指数能准确检测含矸范围，与条数、厚度关系不大，只有含矸就有异常；②Lyapunov 指数参数同样能准确检测含矸范围与性质，含灰矸异常高于含泥砂矸。且含矸厚度大，Lyapunov 指数异常大。

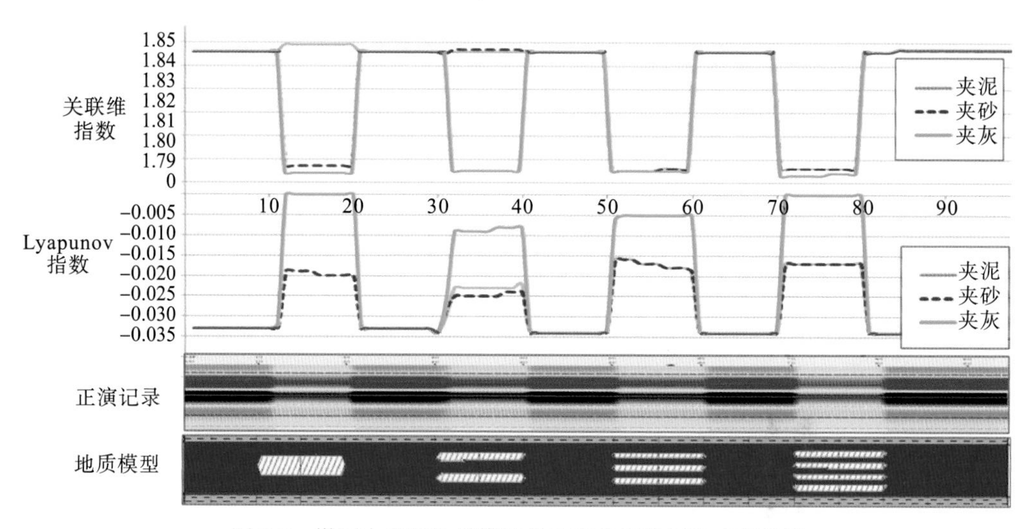

图 5-7　煤层中夹矸地质模型的地震非线性属性响应特征

4)煤层地质模型的地震常规与非线性属性响应特征对比

从不同类型间夹矸模型的地震响应看，Lyapunov 指数异常幅度明显高于常规振幅：以第 4 条带为例：Lyapunov 指数异常幅度为 50%(0.15/0.3)，而 AMP 为 14.2%(500/3500)(见图 5-8)。

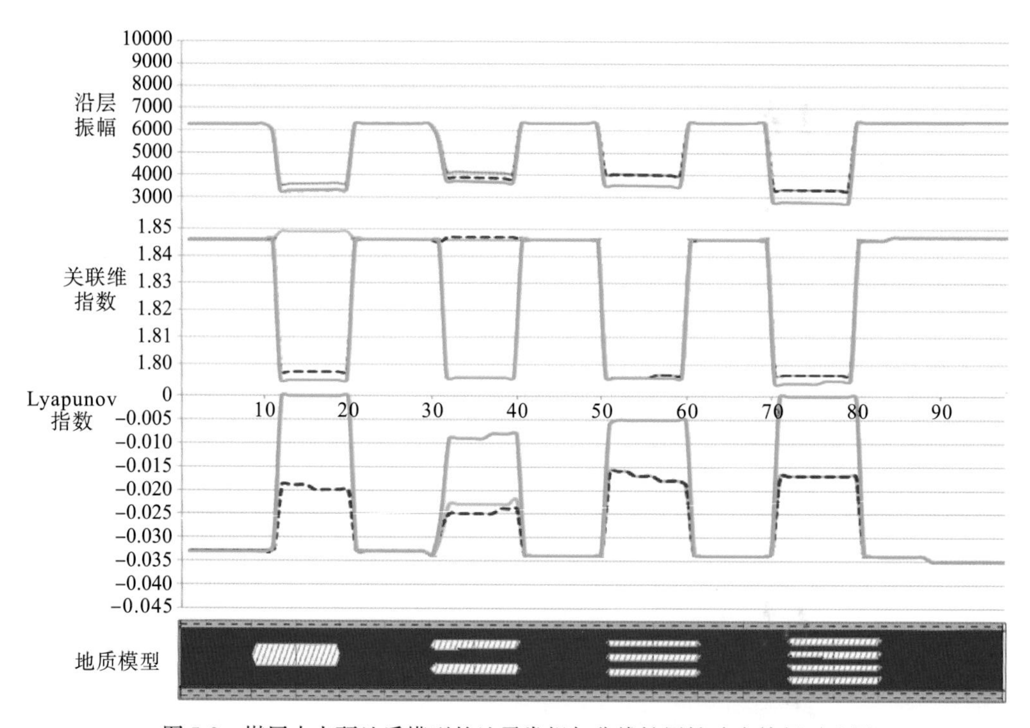

图 5-8　煤层中夹矸地质模型的地震常规与非线性属性响应特征对比图

综上所述，煤层中夹矸时，地震上常规与非线性参数均有所响应。但非线性属性参数检测煤层夹矸效果明显好于常规参数，尤其是非线性属性参数中 Lyapunov 指数检测区分不同类型夹矸更具有优势。对煤层夹矸检测具有指导意义。同时根据对比可以评估待测煤层夹矸情况，因此，利用关联维与Lyapunov指数与预设地质模型进行对比，可以较为准确地推导出煤层夹矸情况，从而便于煤层开采。

5.8　基于非线性参数处理与分析的煤层气储层高渗区估计

煤体的渗透性是指煤对煤层气(瓦斯)流动的阻力特性，煤的渗透性是控制煤层气在煤储层中流动的最关键参数，煤层气储层自身的特点和煤层气开采过程中外界条件的改变都会影响其渗透性。

对于煤层气而言，煤是一种双重孔隙的储层。Law认为煤中割理系统由天然裂隙构成，形成了由近于正交的面割理和端割理组成的裂隙系统，它既含有煤基质微孔隙系统，又含有裂隙网络系统。微孔隙系统是煤层气的储集空间，裂隙网络系统则被水饱和。当储层压力降低时，煤储层中的气体从煤基质微孔隙表面解吸、扩散出来，并以渗透流动的方式通过裂隙网络系统流入井眼，从而形成具有工业开采潜势的煤层气气流。可见，煤层气的主要运移通道是煤层裂隙网络系统，煤层的渗透性主要取决于裂隙系统的发育程度。煤层天然裂隙系统在某种程度上是渗透率的重要影响因素，一旦天然裂隙发育好，煤层渗透率就好。总体来讲，裂隙延伸方向、裂隙宽度、密度、裂隙的发育程度是影响煤储层高渗区分布的关键特征。裂隙延伸方向上渗透率较高，裂隙宽度越大、密度越大、连通性越好，渗透率越高，越利于流体的渗流，这对煤层气可采性评价有极其重要的指导意义(彭春洋等，2011)。傅雪海等认为“双重孔隙”结构的认识将孔隙与裂隙截然割裂开来，无法系统定义其线性特征，因此提出了“三元裂隙-孔隙系统”概念，认为孔隙是煤层气的主要储集场所，宏观裂隙是煤层气的运移通道，而显微裂隙则是沟通孔隙与裂隙的桥梁。

在目前还缺乏YCN等试验区的密度、孔隙度和渗透率资料时，基于非线性参数处理与分析的煤层气储层微裂缝预测可以用于指示高渗区估计。

5.8.1　M10非线性参数处理与分析

对煤层顶反射上2ms-下6ms时窗内的地震数据进行了非线性处理，提取了突变指数、关联维指数和Lyapunov指数三种非线性参数，通过归一化后形成平面图(见图5-9～图5-11)。三种非线性参数从不同角度反映了煤层岩性及结构(微裂缝)的变化特征。

突变指数高值区反映了煤层内部结构的快速变化程度，因此其高值区(>0.5)与断层重合(见图5-9)。围绕高值区的中值(0.35～0.50)基本上体现了煤层内部众多交织发育的割理。总体上看，其值比较分散，地质应用能力稍差。

关联维高值区与断层明显相关(见图5-10)，因此高值区(>0.5)在一定程度上反映出煤层中这些区域主要反映岩性变化区和断层(裂缝)的发育区。结合地震反射特征可以把两者分开：如地震煤层反射杂乱、与砂层互层多，则与之匹配的高关联维区则主要体现岩性的变化(如Y2014E和Y2618NE的高值区)；如果地震反射强且连续，则与之匹配的高关联维区则主要反映煤层内部微裂缝变化区。

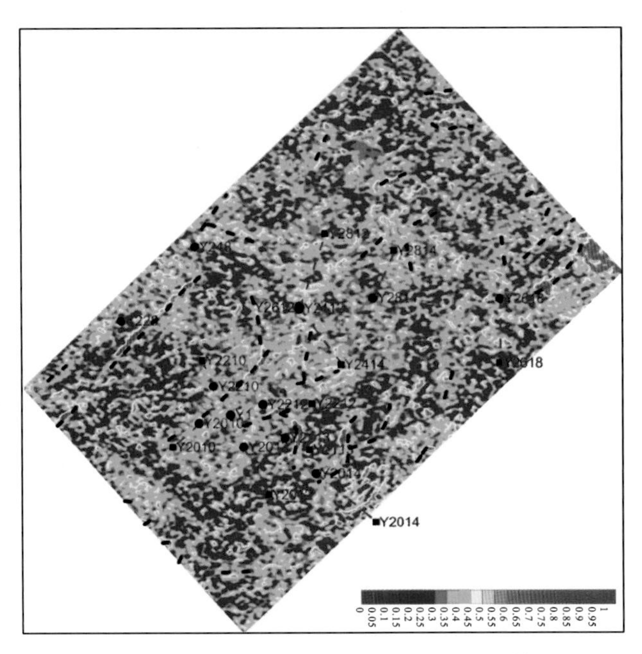

图 5-9　YCN 三维工区煤层(M10)地震突变指数平面图

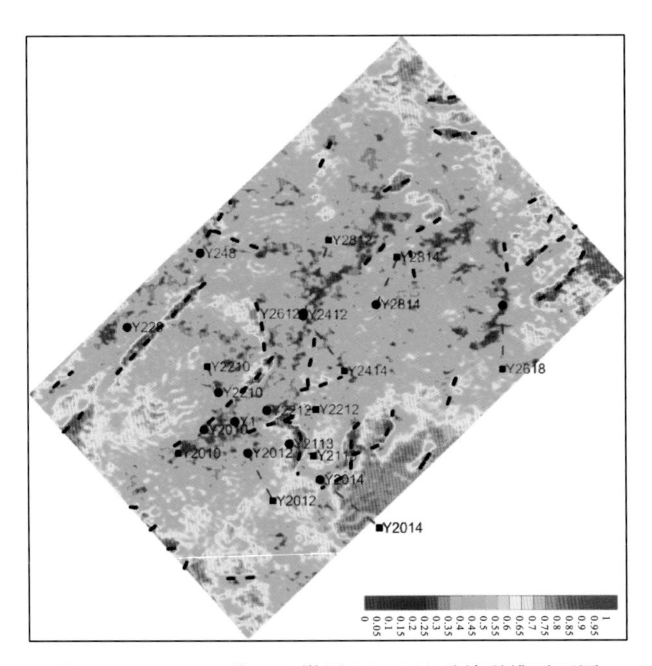

图 5-10　YCN 三维工区煤层(M10)地震关联维平面图

Lyapunov 指数主要反映了断层和与断层伴生的裂缝发育区或岩体破碎区(见图 5-11)。Lyapunov 指数的异常高值区(>0.5)与断层完全重合，而围绕断层分布的中值区(0.35～0.5)有可能为与断层伴生的高角度裂缝集中发育区。因此综合地震反射与地质成果分析，可综合分析出有效的裂缝发育区。

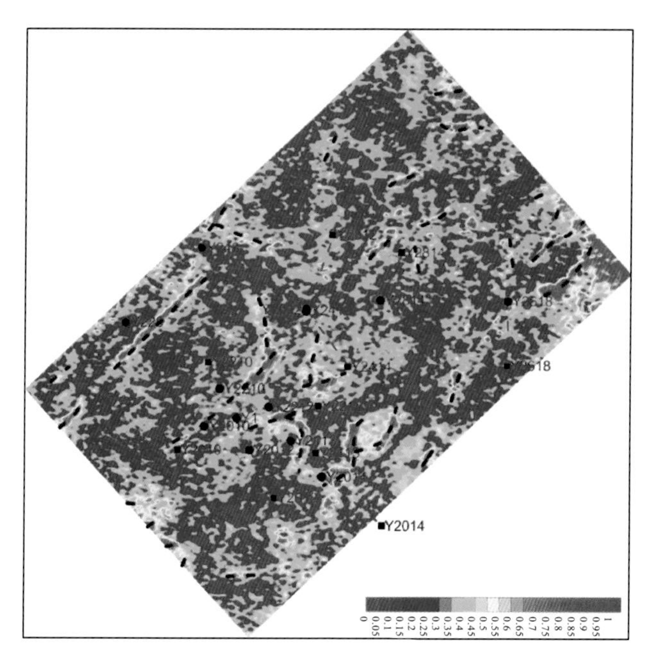

图 5-11　YCN 三维工区煤层(M10)地震 Lyapunov 指数平面图

5.8.2　非线性参数综合评价技术

非线性参数综合评价是基于所提取的三种非线性参数：关联维指数、Lyapunov 指数和突变参数，采用“综合参数法”，获得表征储层裂缝发育程度的综合非线性参数。因此，能准确地找到有效裂缝富集层段或区块，并可建立有效裂缝富集区与油气富集区之间的关系。

用所提取的三种非线性参数形成一个矩阵，设地震道数为 n 道，特征参数为 L 个，矩阵如下：

$$\boldsymbol{X}=\begin{bmatrix} x_{11} & x_{12} & x_{13} & \cdots & x_{1L} \\ x_{21} & x_{22} & x_{23} & \cdots & x_{21} \\ \vdots & \vdots & \vdots & & \vdots \\ x_{k1} & x_{k2} & x_{k3} & \cdots & x_{kL} \\ \vdots & \vdots & \vdots & & \vdots \\ x_{n1} & x_{n2} & x_{n3} & \cdots & x_{nL} \end{bmatrix} \tag{5-47}$$

对多参数寻求一个加权因子 h，计算各研究对象上多参数的加权平均值 S_k。以多参数 x_{kl} 的线性组合，构成参数 S_k，形成如下：

$$S_k=\sum_{l=1}^{L}x_{kl}h_l \tag{5-48}$$

设 T 为门槛值，当 $S_k>T$ 时，为有信号类；当 $S_k<T$ 时，为无信号类，这是一个信号检测问题。

设 $\bar{S}$ 为综合参数 S_k 按道平均值：

$$\bar{S}=(\sum_{k=1}^{n}S_k)/n=(\sum_{k=1}^{n}\sum_{l=1}^{L}x_{kl}h_l/n) \tag{5-49}$$

或者

$$\bar{S}=\sum_{l=1}^{n}\bar{x}_l h_l=\sum_{l=1}^{L}\Big[(\sum_{k=l}^{k}x_{kl})/n\Big]/h_l \tag{5-50}$$

为使两类别区分度最大，要求：

$$\sum_{k=1}^{n}(S_k-\bar{S})^2\rightarrow \max \tag{5-51}$$

S_k 相对平均值$\bar{S}$偏差最大。考虑到当 $|h_l|$ 增大时，均方偏差 $\sum_{k=1}^{n}(S_k-\bar{S})^2$ 也随之增大而无法求取极值，为此，选取目标函数：

$$\Phi=\frac{\sum_{k=1}^{n}(S_k-\bar{S})^2}{\sum_{l=1}^{L}h_l^2}\rightarrow \max \tag{5-52}$$

整理式(5-52)分子项，将式(5-48)和式(5-51)代入，则有

$$\begin{aligned}\sum_{k=1}^{K}(S_k-\bar{S})^2&=\sum_{k=1}^{n}[\sum_{l=1}^{L}x_{kl}h_l-\sum_{l=1}^{L}\bar{x}_l h_l]^2\\&=\sum_{k=1}^{n}[\sum_{l=1}^{L}h_l(x_{kl}-\bar{x}_l)]^2\\&=\sum_{k=1}^{n}[\sum_{l=1}^{L}h_l(x_{kl}-\bar{x}_l)\sum_{m=1}^{L}h_m(x_{km}-\bar{x}_m)]\\&=\sum_{l=1}^{L}h_l\sum_{m=1}^{L}h_m[\sum_{k=1}^{n}(x_{kl}-\bar{x}_l)(x_{km}-\bar{x}_m)]\end{aligned} \tag{5-53}$$

令

$$\gamma_{lm}=\sum_{k=1}^{n}(x_{kl}-\bar{x}_l)(x_{km}-\bar{x}_m) \tag{5-54}$$

代入式(5-53)得

$$\sum_{k=1}^{K}(S_k-\bar{S})^2=\sum_{l=1}^{L}\sum_{m=1}^{L}h_m\gamma_{lm} \tag{5-55}$$

式中，γ_{lm}为参数协方差或自相关矩阵元素，将式(5-55)改写成矩阵形式可有

$$\sum_{k=1}^{K}(S_k-\bar{S})^2=\boldsymbol{h}^{\mathrm{T}}\boldsymbol{R}\boldsymbol{h} \tag{5-56}$$

同理式(5-52)分母可写作

$$\sum_{l=1}^{L}h_l^2=\boldsymbol{h}^{\mathrm{T}}\boldsymbol{I}\boldsymbol{h} \tag{5-57}$$

式中，$\boldsymbol{I}$ 为单位阵，这样目标函数 Φ 为

$$\Phi=\frac{\boldsymbol{h}^{\mathrm{T}}\boldsymbol{R}\boldsymbol{h}}{\boldsymbol{h}^{\mathrm{T}}\boldsymbol{I}\boldsymbol{h}} \tag{5-58}$$

为寻找 $\boldsymbol{h}$ 使 Φ 达到极值，对 h_l 求导并令其等于 0，可得方程组，表示为本征方程形式有

$$\{R - \lambda \boldsymbol{I}\}\boldsymbol{h} = 0 \tag{5-59}$$

式中，λ 为本征值，$\boldsymbol{h}$ 为本征值对应的向量。求解方程组(5-59)，得到本征值 λ 和相应的本征向量。取最大本征值 $\lambda_{\max}$，它所对应的本征向量 $\boldsymbol{h}$ 就是满足条件式(5-51)和式(5-52)的加权因子，使用所得的加权因子 $\boldsymbol{h}$ 对观测参数集合 $\boldsymbol{X}$ 按式(5-48)处理，得到综合参数，供解释和判定使用。

图 5-12 是综合参数分析流程图。其计算步骤如下：

(1)地震参数组成参数矩阵 $\boldsymbol{X}$，分别计算各参数对观测点的平均值$\overline{S}$。

(2)考虑到各个参数具有不同的物理意义和量纲，在计算协方差矩阵前，对各参数作归一化处理。

(3)按式(5-54)计算协方差矩阵，并组成协方差矩阵，然后求解本征方程(5-59)。

(4)对本征值 λ 按由大到小顺序排队，选取 $\lambda_{\max}$，求对应的本征向量 $\boldsymbol{h}$，对各道多参数 x_{kl} 作加权求和，得到综合参数 S_k。

(5)估计门槛值 T，对研究对象做出分类预测；或对综合参数做趋势分析，求取综合参数的剩余异常，同样可以对研究对象做出预测。

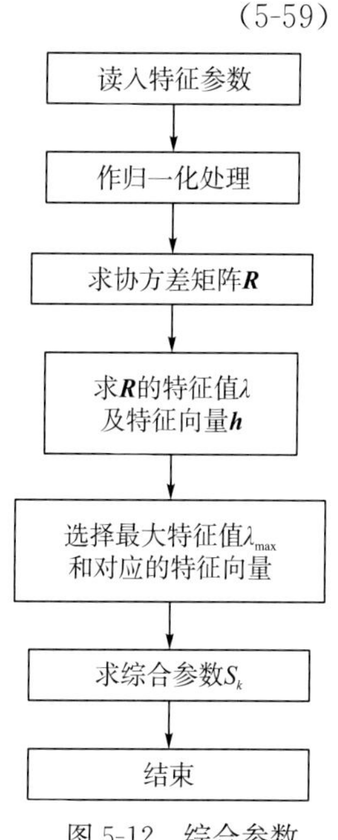

图 5-12　综合参数分析流程图

5.8.3　M10 煤层气储层地震非线性参数综合预测

综上所述，综合地震与沉积、钻井与测井等地质成果进行分析，排除岩性的影响，以三种非线性参数的高值区可作为裂缝的有效发育区。为此把三种参数融合成一种综合参数，见图 5-13，用来揭示 M10 煤层中断层与裂缝的发育特征。由于裂缝发育区具有良好的解吸附性，是可能的高渗区，进而可能成为煤层气富集区。

把图 5-13 中非线性值>0.5 的区域视为最有利的煤层断层和内部结构如割理、裂缝等发育区，结合地震反射特征，可划分出 A～F 六个有利裂缝发育区和编号 1～2 的两个岩性变化区。

A 区：Y228 井区，区内发育一条规模较大的 NE-SW 向断层，围绕断层发育一系列裂缝。此区煤层较厚，但断层、裂缝的发育导致煤层气容易快速逸散。

B 区：Y1 井区，区内发育四条断层，围绕断层煤层发育大量微裂缝，是高渗区。煤层厚度相对较大，为最有利的煤层气富集区。

C～F 区：区内发育少量断层，围绕断层煤层发育微裂缝。但此区煤层厚度相对较小，对煤层气富集不利。

1～2 区：为岩性变化区。区内地震反射极为杂乱(见图 5-14、图 5-15)，与火山侵入有关。

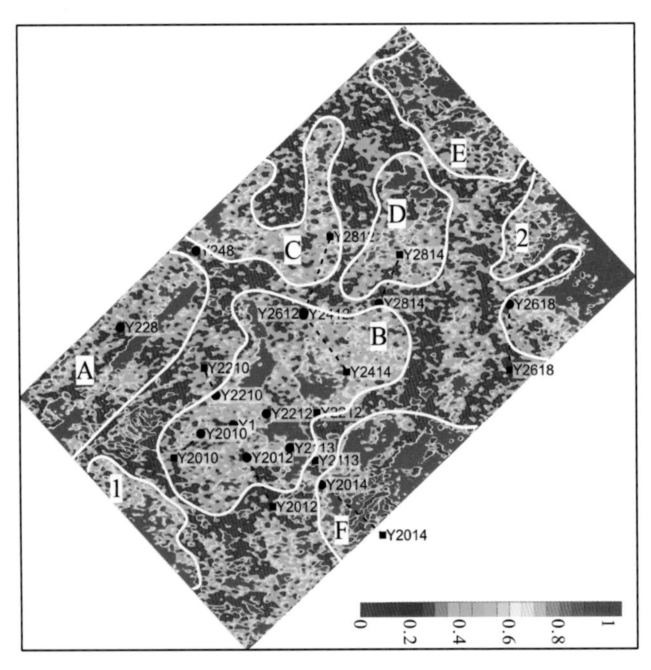

图 5-13　YCN 三维工区煤层(M10)地震非线性综合参数平面图

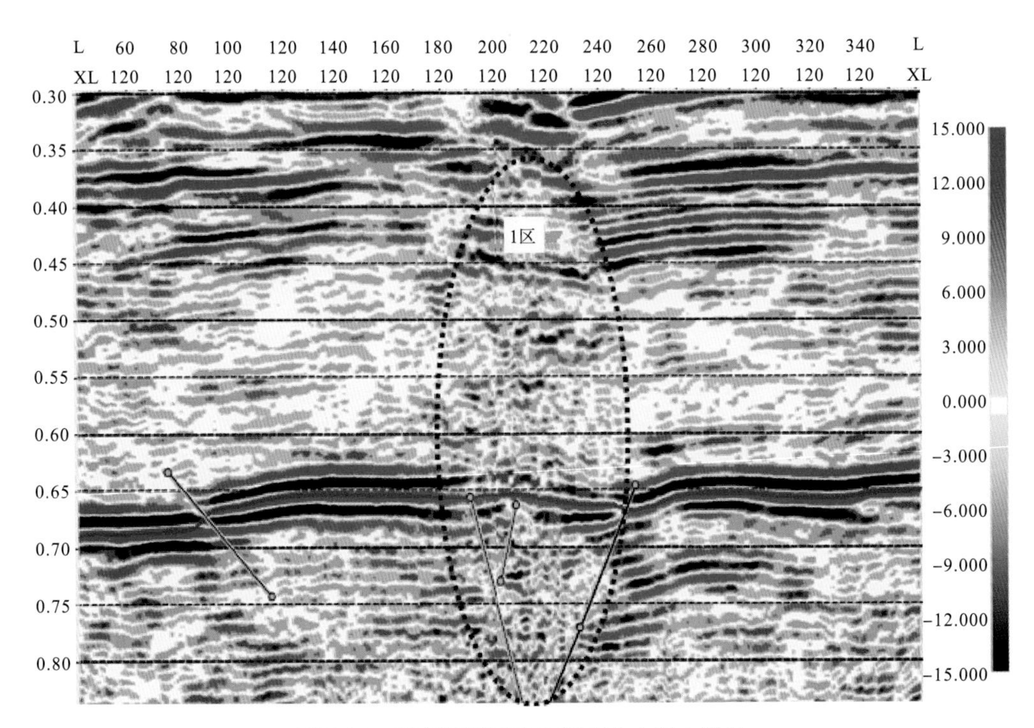

图 5-14　CROSSLINE123 剖面火山侵入特征

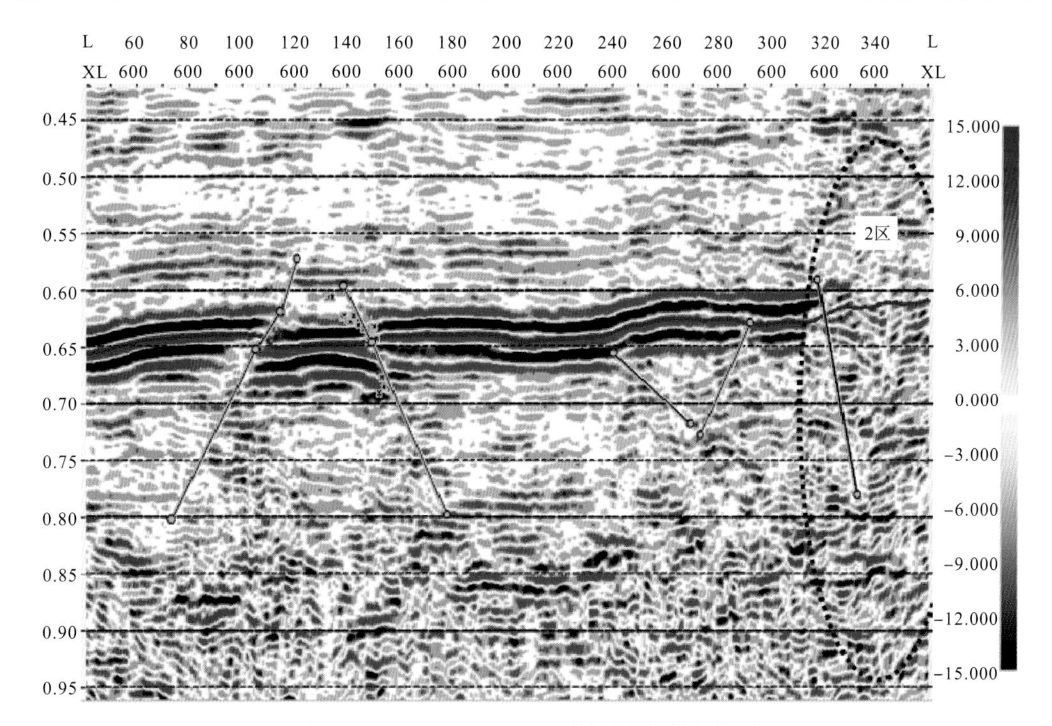

图 5-15　CROSSLINE600 剖面火山侵入特征

第6章　高分辨率非线性反演及煤层特征分析

6.1　高分辨率非线性反演基本原理

储层地震高分辨率非线性反演方法是一种集遗传算法和人工神经网络技术的优势于一体的新技术，它采用混合智能学习方法，这种学习方法是将BP算法作为一个算子嵌入到自适应遗传算法中，以概率的方式进行搜索运算，从而快速而精确地找到全局最优解。混合智能学习算法流程如图6-1所示。

在储层整体反演中，将自适应遗传算法(GA)、多输入多输出模糊神经网络技术(MIMO-ANFIS)和禁忌搜索算法(TS)有机地相结合构成了混合智能学习算法，这种算法充分运用了三种算法的优势，混合智能学习算法是一种鲁棒搜索算法，这是对传统的混合算法的改进。

6.1.1　混合智能学习算法中的遗传算法

GA算法是一个以适应度函数为依据，通过对种群个体施加遗传操作实现种群内个体结构重组的迭代过程。在这一过程中，种群个体一代一代地得以优化并逐渐逼近最优解。GA算法作为一种智能搜索算法，它所依赖的基本操作是选择、交叉和变异。这使GA算法具有其他算法没有的鲁棒性、自适应性与全局最优性等特点，GA算法是由染色体编码、个体适应度评价、遗传算子和运行参数组成：对目标问题进行编码，该编码称为染色体；个体适应度可等于相应的目标函数；遗传算子包括选择算子(可采用比例算子)、交叉算子(可用单点交叉算子)和变异算子(采用基本变异算子)；运行参数包括群体大小、终止进化代数、交叉概率(P_c=0.4～0.99)和变异概率(P_m=0.0001～0.1)。

遗传算法提供了一种求解复杂系统优化问题的通用框架，它不依赖于问题的领域和种类。对一个需要进行优化计算的实际应用问题，一般可按下述步骤来构造求解该问题的遗传算法。

第一步：确定决策变量及其各种约束条件，即确定出个体的表现型X和问题的解空间。

第二步：建立优化模型，即确定出目标函数的类型(是求目标函数的最大值还是求目标函数的最小值?)及其数学描述形式或量化方法。

第三步：确定表示可行解的染色体编码方法，也即确定出个体的基因型X及遗传算法的搜索空间。

第四步：确定解码方法，即确定出由个体基因型 X 到个体表现型 X 的对应关系或转换方法。

第五步：确定个体适应度的量化评价方法，即确定出由目标函数值 $f(X)$ 到个体适应度 $F(X)$ 的转换规则。

第六步：设计遗传算子，即确定出选择运算、交叉运算、变异运算等遗传算子的具体操作方法。

第七步：确定遗传算法的有关运行参数，即确定出遗传算法的 M、T、P_c、P_m 等参数。

由上述步骤可以看出，可行解的编码方法、遗传算子的设计是构造遗传算法时需要考虑的两个主要问题，也是设计遗传算法时的两个关键步骤，对不同的优化问题需要使用不同的编码方法和不同操作的遗传算子，它们与所求解的具体问题密切相关，因而对所求问题的理解程度是遗传算法应用成功与否的关键。

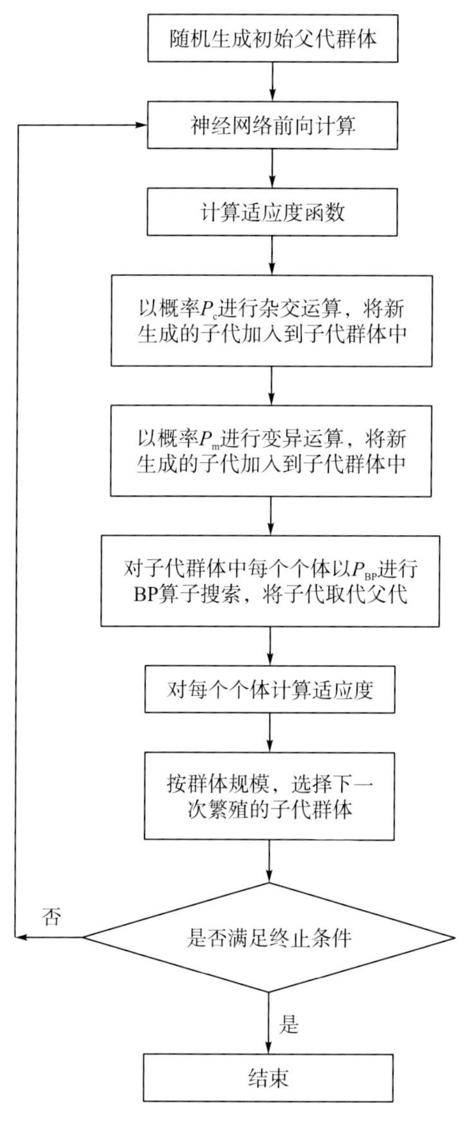

图 6-1　混合智能学习算法流程图

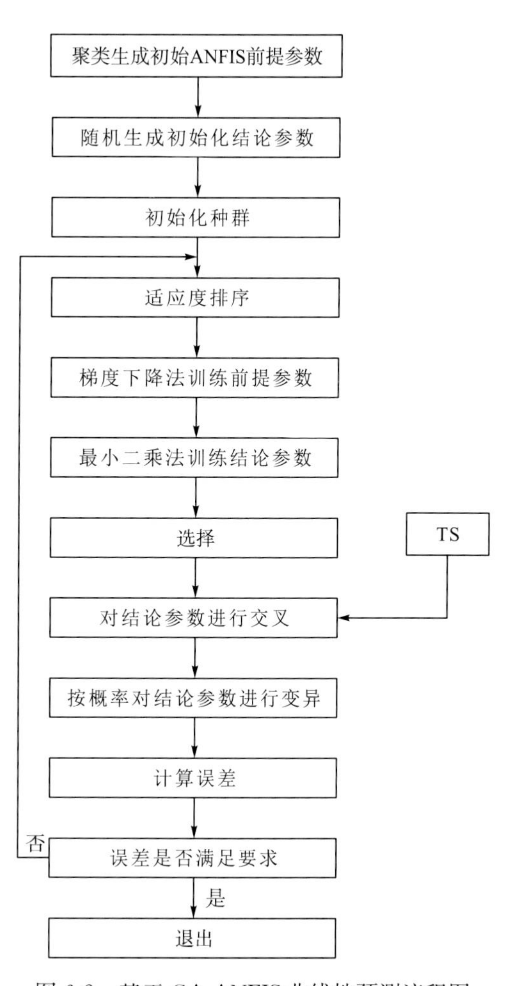

图 6-2　基于 GA-ANFIS 非线性预测流程图

6.1.2　混合智能学习算法中的MIMO-ANFIS学习算法

在ANFIS网络结构中，ANFIS学习算法主要使用基于梯度下降(GD)和最小二乘(LSE)相结合的混合学习算法，即GD+LSE混合学习算法。

由于ANFIS网络中的结论参数为线性参数，前提参数为非线性参数，我们在调整ANFIS网络参数时分两步来进行，分别用LSE来优化结论参数，用GD来优化前提参数。具体方法是，把混合学习算法分为前向通道和后向通道，在前向通道中，固定前提参数，输入信号通过各层计算一直传送到最后层，用最小二乘方法辨识结论参数。然后进入反向通道，在这里结论参数固定，误差信号反传至第二层，并用梯度算法更新前提参数。由于在固定前提参数的条件下，辨识得到的结论参数是最优的。这样混合学习算法减少了原始纯反向传播算法的搜索空间的维数，故收敛速度非常快。因为在混合学习法则中，前提参数和结论参数的更新公式是分离的，所以用梯度法的各种变形或其他优化技术，如共轭梯度法、二阶反传法、快速反传法以及其他许多方法，都可以提高前提参数的学习速度。工作流程见图6-2所示。

6.1.3　混合智能学习算法中的禁忌搜索算法

禁忌搜索(tabu search，TS)是一种亚启发式搜索算法。TS通过引入一个灵活的存储结构和相应的禁忌准则来避免迂回搜索，并通过藐视准则来赦免一些被禁忌的优良状态，进而保证多样化及跳出局部最优解的有效搜索以最终实现全局优化，TS算法具有记忆能力，可大大提高运算速度。

Tabu Search算法的步骤如下：

第一步：确定网络参数。

第二步：生成一个初始解 x^{now} 及给定禁忌表 $H=\Phi$。

第三步：确定邻域标准 δ 和邻域大小，在 x^{now} 的每个分量上加上区间 $[-\delta, +\delta]$ 之中的一个随机数来构成邻域 $N(x^{\text{now}})$ 之中的每一个分量。

第四步：若 $N(x^{\text{now}})$ 之中的最优解 $x^{N\text{-best}}$ 满足特赦准则，则 $x^{\text{next}}=x^{N\text{-best}}$，转第六步。

第五步：在 $N(x^{\text{now}})$ 之中选出满足禁忌条件的候选集 Can-$N(x^{\text{now}})$，在 Can-$N(x^{\text{now}})$ 选出最优解 $x^{\text{Can-best}}$，$x^{\text{now}}=x^{\text{Can-best}}$。

第六步：$x^{\text{now}}=x^{\text{next}}$，更新禁忌表 H。

第七步：重复第三步，直到满足终止条件。

6.2　高分辨率非线性反演方法实现技术

6.2.1　反演的目标函数

常规的地震反演是以模型正演计算方法为基础，在模型正演记录和实际地震记录之间寻找最小二乘意义上的最佳拟合，为了克服地震模型带来的困难，本书的方法不使用任何地震模型，而是假设地震信号与测井资料之间存在一种非线性映射关系。对于波阻抗、速度、密度、孔隙度等，假设显然成立。假定地震信号 S 与测井资料 W 之间存在某种非线性映射关系，对于本书的方法来说，则输入样本是井旁地震数据，输出样本(导师信号)为测井数据(波阻抗、速度、密度、孔隙度等)，多输入多输出模糊神经网络(MIMO-ANFIS)为工区综合整体非线性映射关系，称为工区函数 F，其映射为

$$F: x -> y \qquad x \in S, y \in W$$

反演的目标函数为

$$E = \frac{1}{N}\sum_{i=1}^{N} \left| W_i - F(S_i) \right|$$

其中，N 为工区内井的数量；W 为测井数据；S 为地震数据；F 为工区函数。

使用上式的反演目标函数，避开了使用正演模型带来的困难，由于工区函数同时匹配工区内的测井数据，则地震信号到反演目标的映射关系具有较高的可信度，因此我们可以假定工区函数覆盖整个地震数据空间。

6.2.2　储层三维整体反演的实现技术

在实际反演时，在层位控制下，将工区多井(或全部井)的测井数据与井旁地震道数据输入具有多输入多输出的网络，同时进行整体训练，可获得整个工区的自适应权函数，并建立综合非线性映射关系，并根据储层在纵横方向上的地质变化特征更新这种非线性映射关系，这样，就能对反演过程及其反演结果起到约束和控制的作用，实现整体反演，获得储层反演数据体。图 6-3 为储层高分辨率非线性三维整体反演流程图。

6.3　高分辨率非线性反演及效果分析

6.3.1　高分辨率非线性三维反演过程

1)测井曲线校正

为保证各井声波速度在区域上具有可对比性和一致性，需要对测井曲线做校正处理。这对于地震反演是一项重要的基础工作。

首先按对测井曲线进行准确的拼接，井斜校正和井径校正、泥浆浸泡等校正。但由于测井施工参数的差异，最重要的是进行基线校正、标准化校正。图 6-4 是标准化前后的声波时差直方图，图 6-5 是标准化前后的密度直方图。经过标准化处理后，纵波时差、密度数值范围是一致的，数据不再发散。

由于处理前各井的 GR 基线值不同造成各井之间对比分析困难，归一化处理后，GR 曲线各井之间的基线值是一致的，如图 6-6。

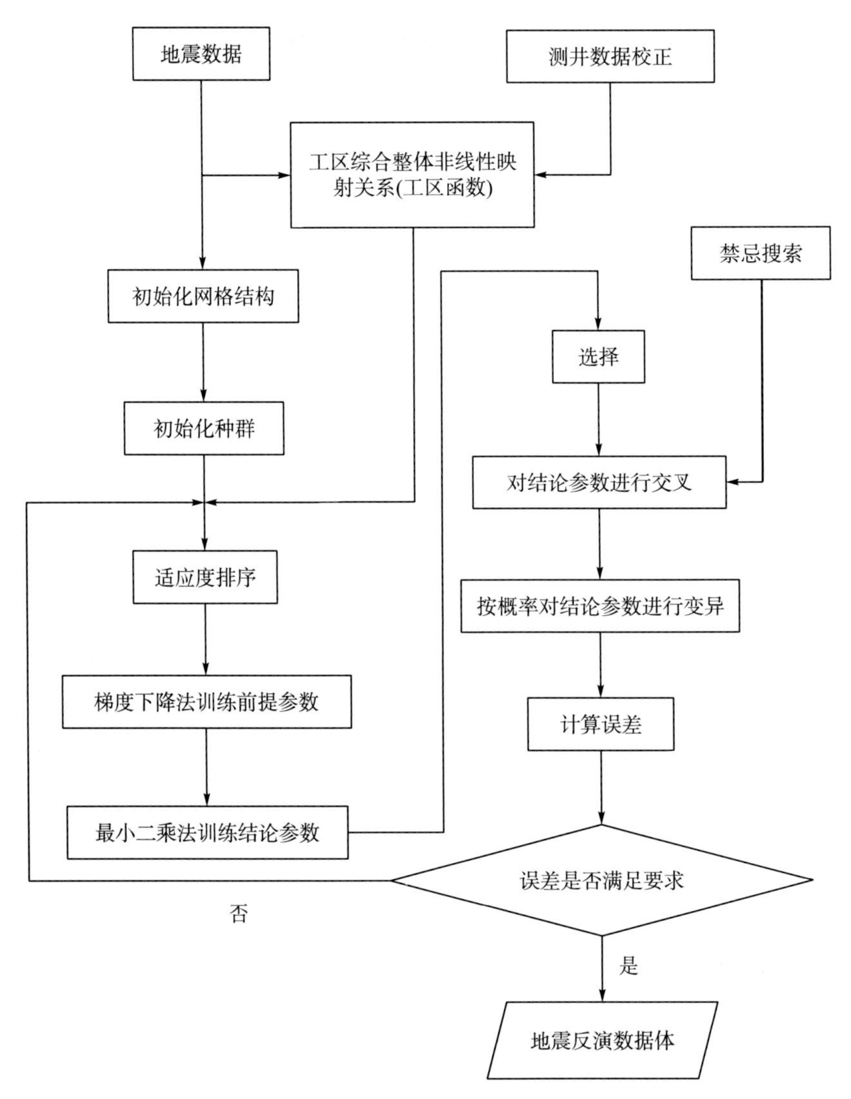

图 6-3　高分辨率非线性反演流程图

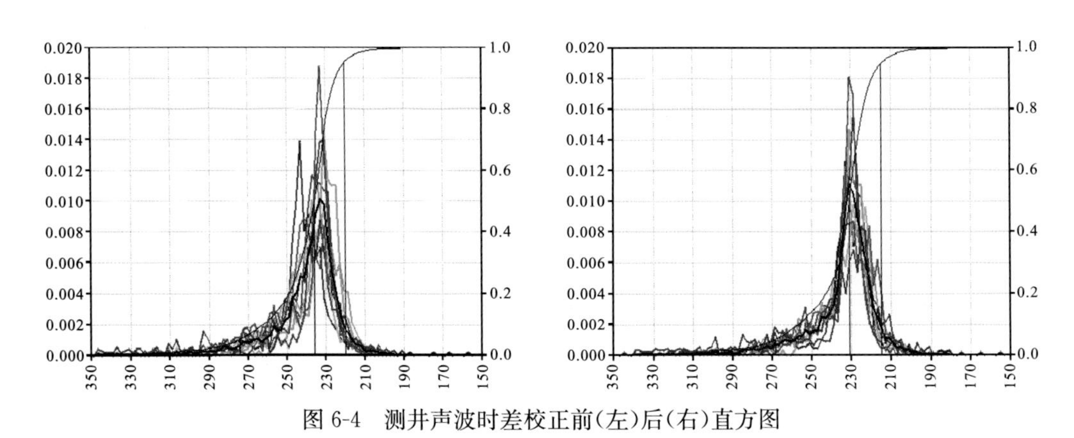

图 6-4　测井声波时差校正前(左)后(右)直方图

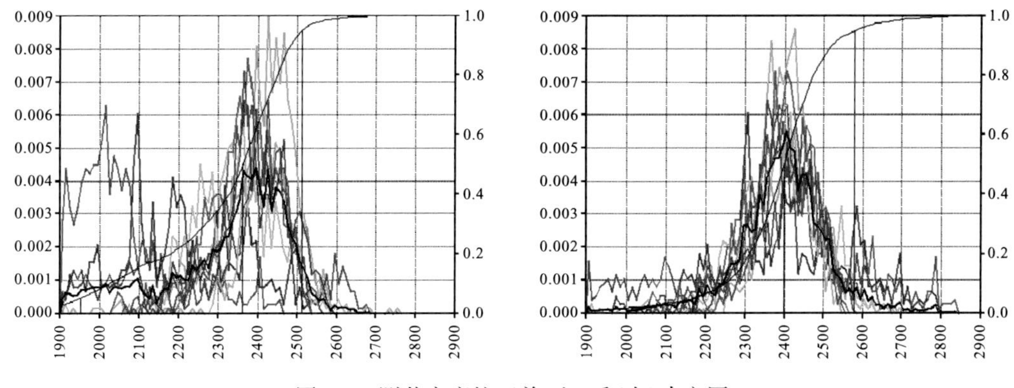

图 6-5　测井密度校正前(左)后(右)直方图

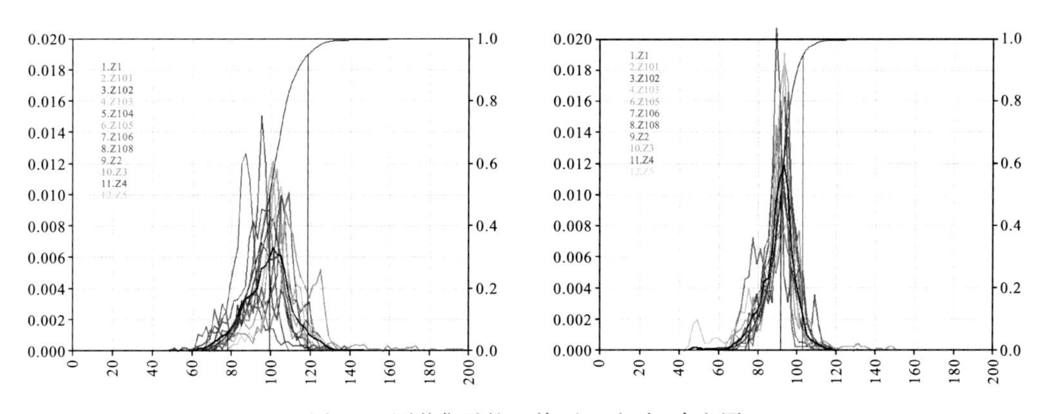

图 6-6　测井伽马校正前(左)后(右)直方图

2)地震层位的标定与追踪

层位标定准确性直接影响反演成果的精度。在全区内进行层位标定。通过提取井旁道子波与声波曲线进行褶积，与井旁地震道进行纵向相关，取相关最大值和平均误差最小时的对比结果进行层位标定。

研究区有两个主力煤层组。山西组：其中 M2 为主力煤层，厚度较大(单层 4～6m)，横向稳定。太原组：其中 M10 为主力煤层之一，厚度较小(1～3m)，横向不稳定。

对研究区 15 口井进行了合成记录制作，标定了煤层(M2、M10)的地震反射位置，合成记录标定 M2 顶位于波峰与波谷转折处(或靠近波峰)，底界标定在最大波谷位置。M10 顶位于强波峰上，底界为波峰与波谷转折处(见图 6-7～图 6-14)。确定了煤层具有反射强、连续性好的地震反射特征。

经过层位标定后，选择过井剖面进行追踪，以此为控制，对 M2、M10 煤层全区追踪。

3)高分辨率非线性三维反演

依据上述原理，对 MXZ 含煤地层某三维地震数据进行了高分辨率非线性三维反演，获得了波阻抗、速度、密度和伽马四种三维属性数据体(见图 6-15)。

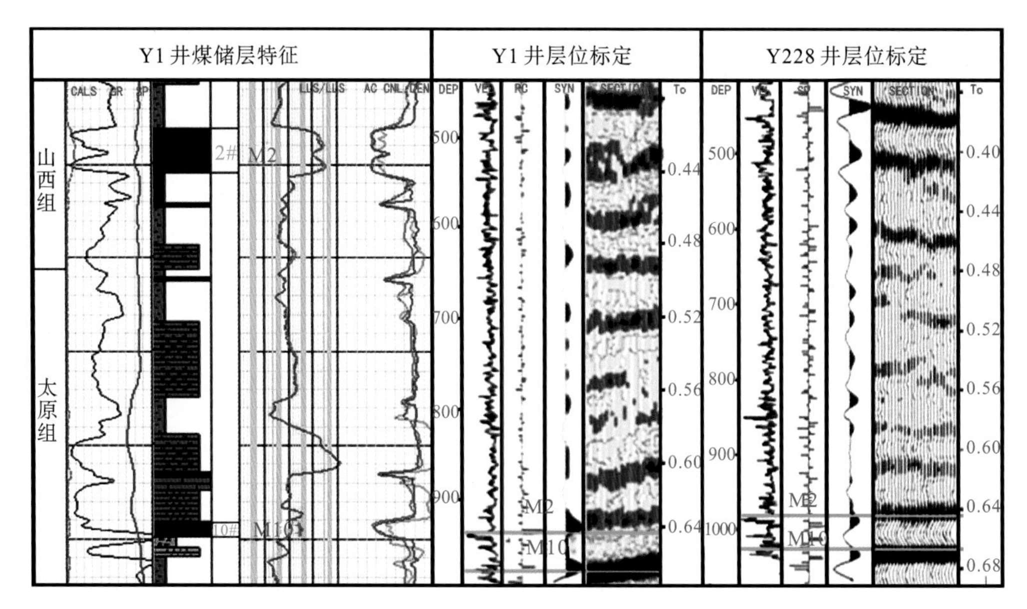

图 6-7　M10、M2 煤层的层位标定

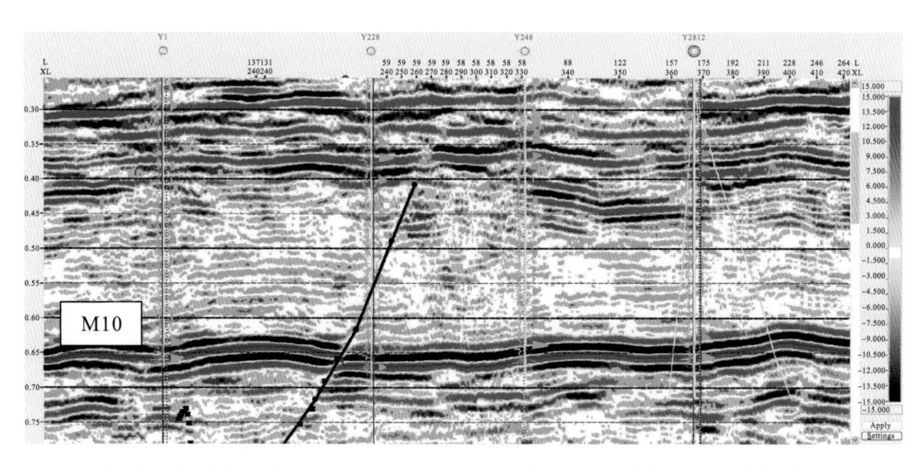

图 6-8　四口直井(Y1、Y228、Y248、Y2612)M10 煤层的层位标定及追踪

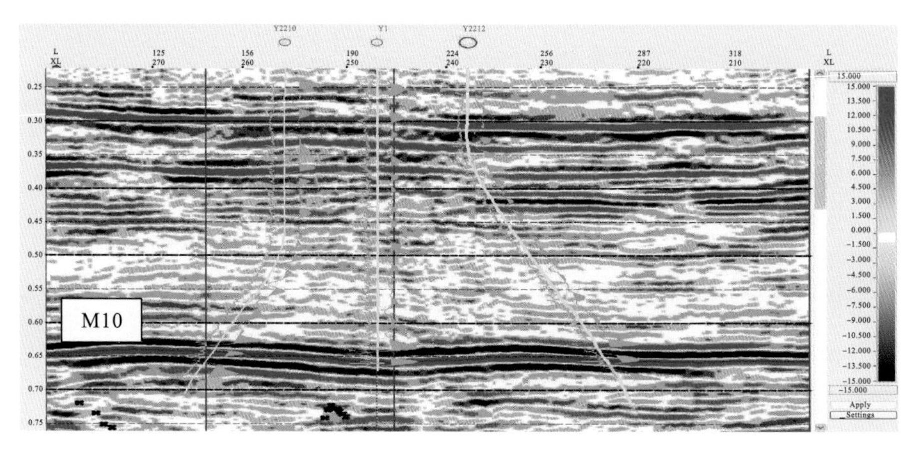

图 6-9　Y2210、Y1、Y2012 井 M10 煤层的层位标定及追踪

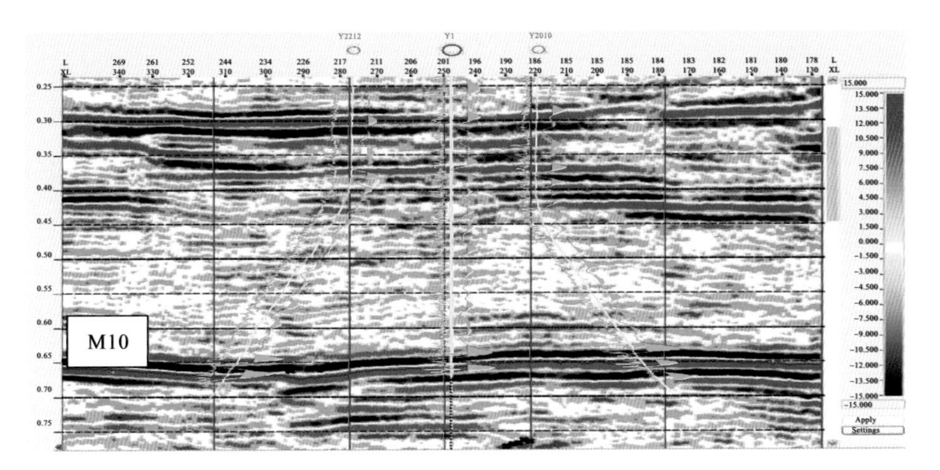

图 6-10　Y2212、Y1、Y2010 井 M10 煤层的层位标定及追踪

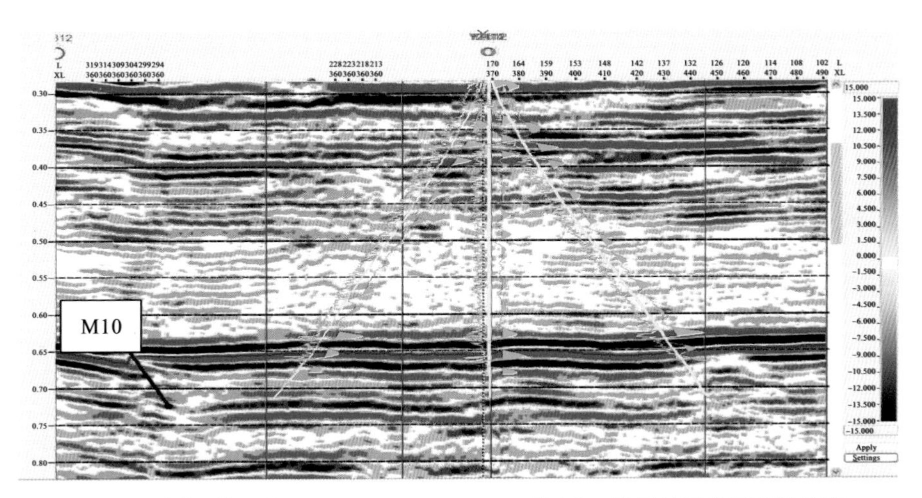

图 6-11　同一井口的 Y2414、Y2412、Y2812 井 M10 煤层的层位标定及追踪

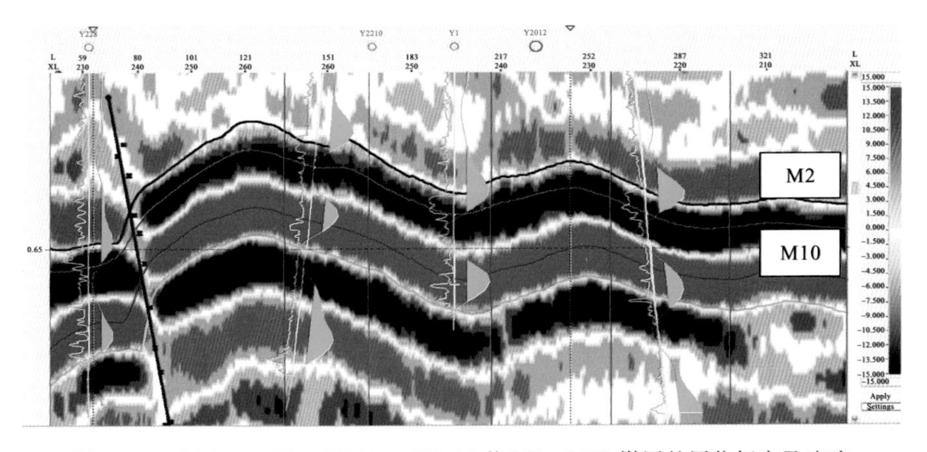

图 6-12　过 Y228、Y1、Y2210、Y2012 井 M2、M10 煤层的层位标定及追踪

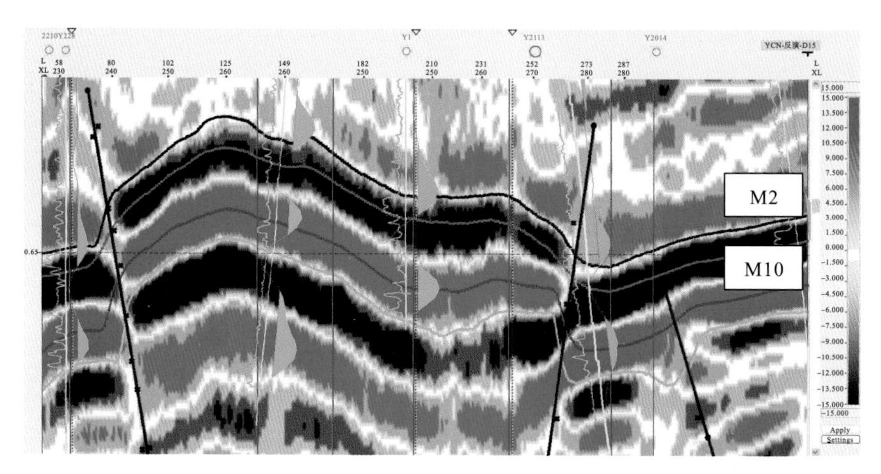

图 6-13　过 Y228、Y2210、Y1、Y2113、Y2014 井 M2、M10 煤层的层位标定及追踪

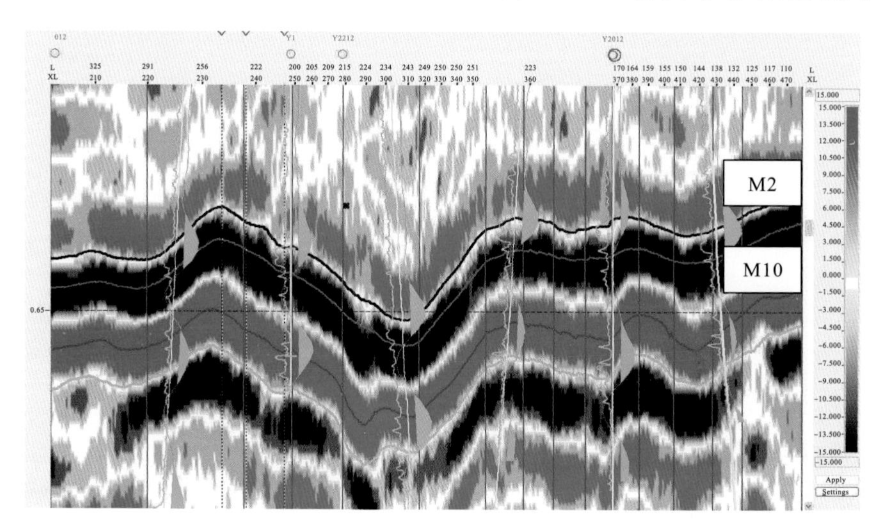

图 6-14　过 Y2012、Y1、Y2212、Y2414、Y2412、Y2812 井 M2、M10 煤层的层位标定及追踪

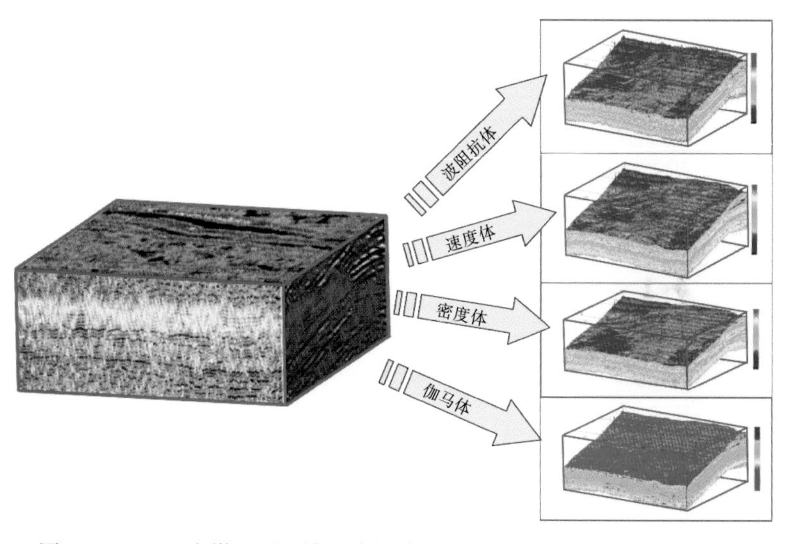

图 6-15　MXZ 含煤地层三维反演的波阻抗、速度、密度和伽马数据体

6.3.2　YCN 煤层气储层高分辨率非线性三维反演分析

1)YCN 三维工区煤层反演

对 YCN 三维工区煤层进行反演，本次反演要能够对目的层的储层进行几何刻画和描述。因此要求反演具有较高精度。通过井旁反演地震道与测井曲线对比(见图 6-16)，可以看出，反演速度与测井速度基本重合，对井分析表明：90％井的反演结果相对误差都小于 5％，说明本次具有较高的反演精度。

煤层测井响应特征为具有典型的“三低三高”特征：低自然伽马、低自然电位、低密度、高电阻率、高声波时差、高中子。其中声波、密度对煤层具有良好的识别能力。

与常规地震剖面对比分析，速度反演剖面明显展示了煤层结构及变化特征(见图 6-17～图 6-19)：地震常规剖面上，M2 与 M10 煤层均为较强且非常连续的反射，而速度反演剖面上 M2 层厚，内部有细小夹层，M10 煤层极薄，主要分布于顶底部，中间夹泥、砂质薄层。与钻井成果极为吻合。

综上剖面对比分析，本次研究所研制的基于遗传算法的非线性整体反演技术具有明显的较高的纵横向分辨率，对薄煤层的内部结构、横向变化特征具有较好的揭示。

2)M10 煤层地震反演厚度计算及展布特征

提取 M10 煤层时窗内速度<2800m/s 的岩性点，视为可能的煤层，网格化形成煤层地震反射时差图(见图 6-20)。以煤层平均层速度为 2500m/s 计算出煤层累计厚度图(见图 6-21)。

从图 6-21 中可以看出，研究区 M10 煤层组累计厚度 0.5～8m，厚度大于 3.5m 的主要分布于中西部，中部 Y2612-Y2814 井较厚，且基本连片分布，这从过 Y228-Y2210-Y1-Y2113-Y2014 的连井反演速度图可以清晰地反映出来。其他地区连续性较差，以细条状为主。

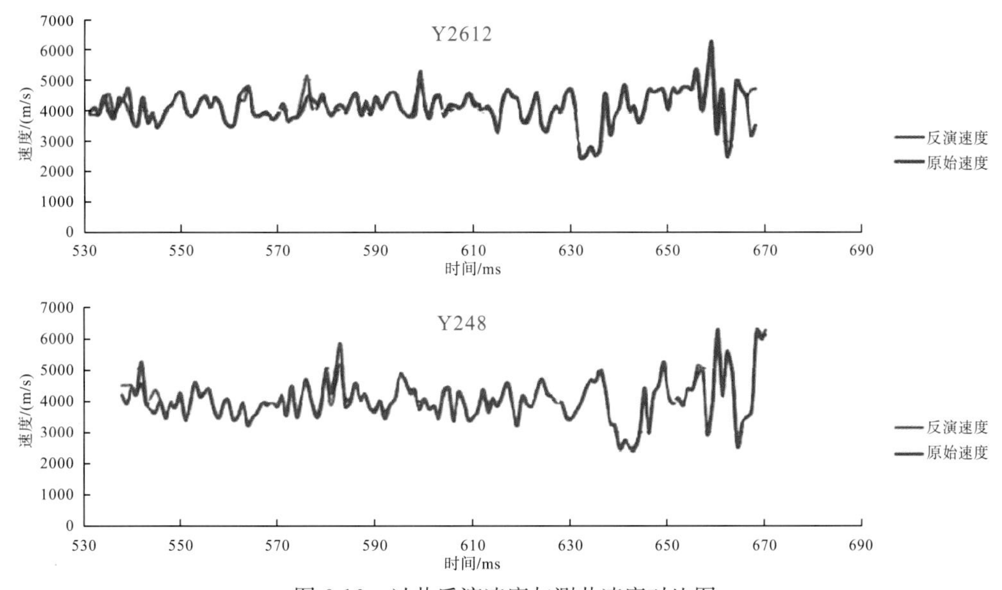

图 6-16　过井反演速度与测井速度对比图

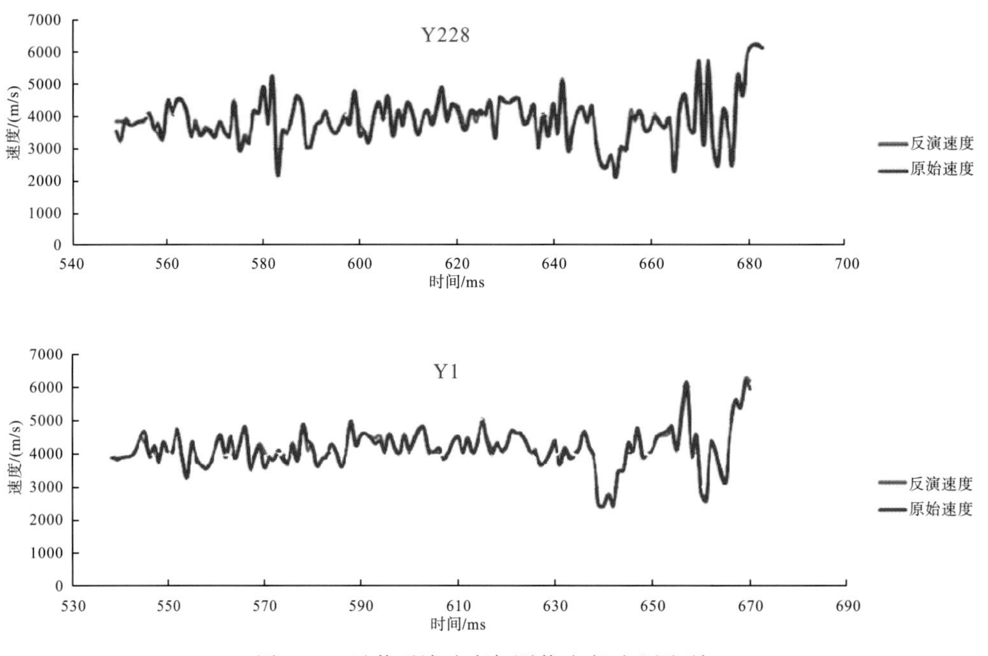

图 6-16　过井反演速度与测井速度对比图(续)

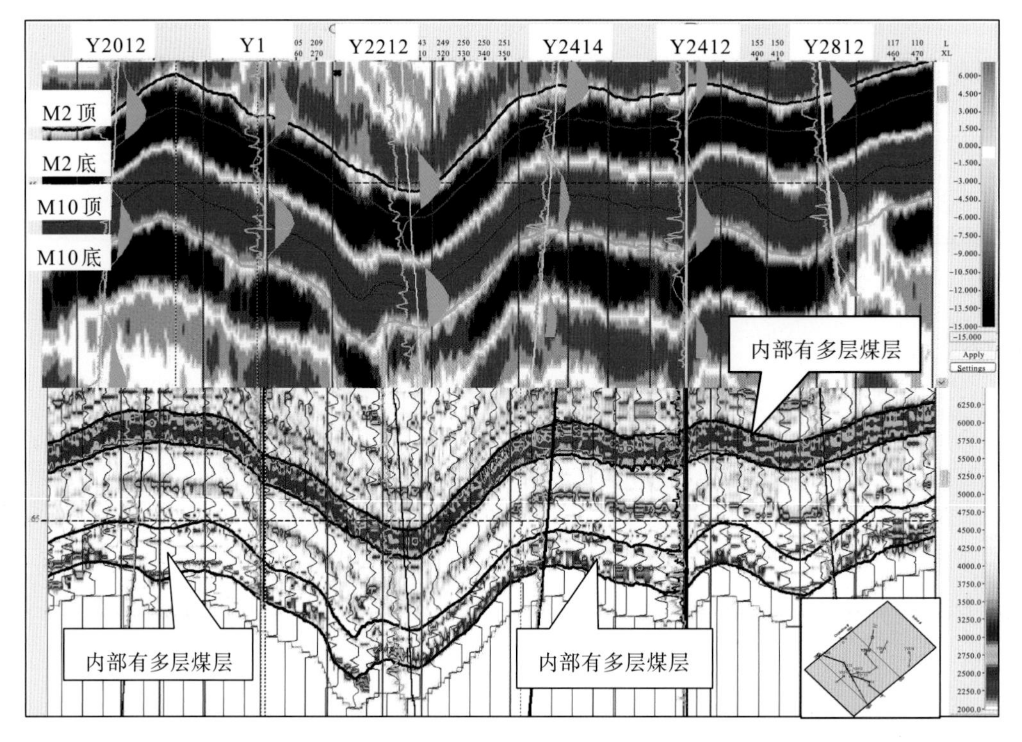

图 6-17　过 Y2012-Y1-Y2212-Y2414-Y2412-Y2812 连井常规剖面与反演速度剖面

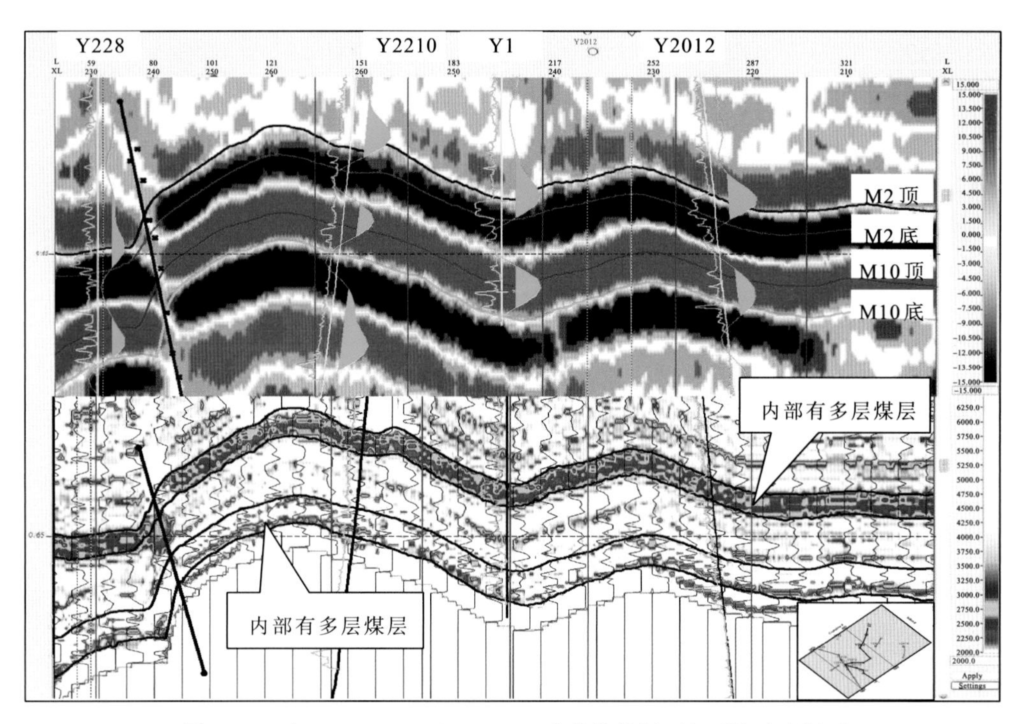

图 6-18　过 Y228-Y2210-Y1-Y2012 连井常规剖面与反演速度剖面

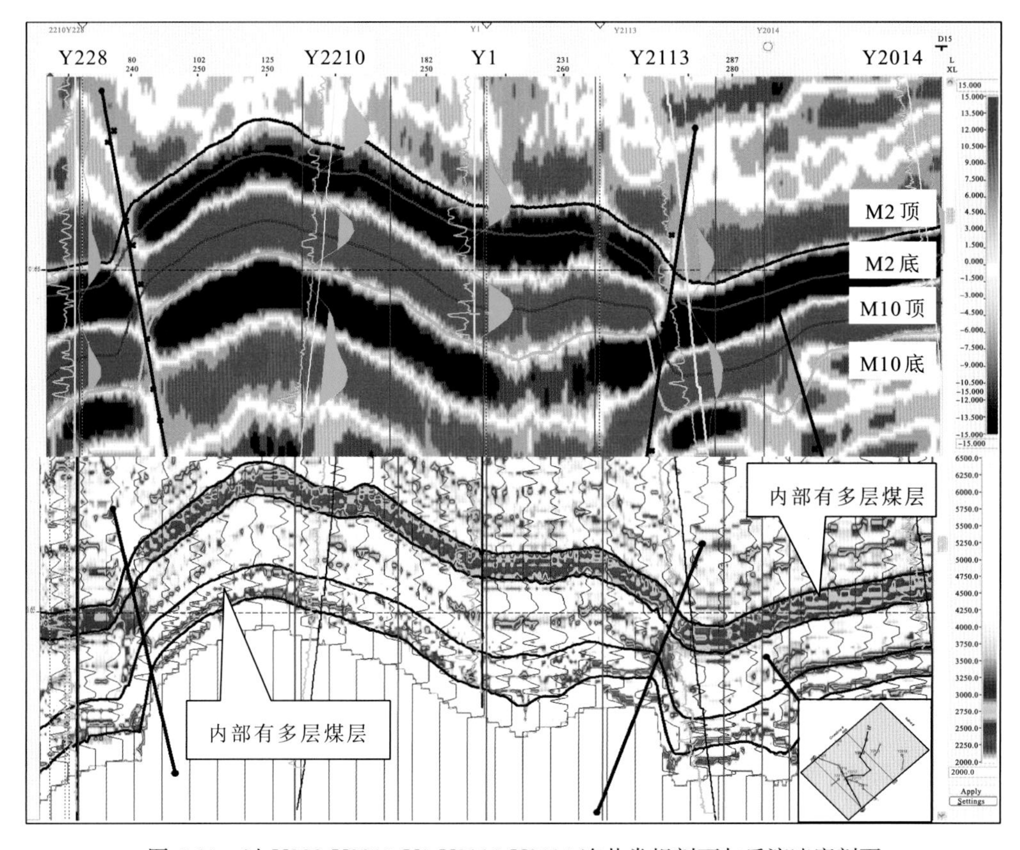

图 6-19　过 Y228-Y2210-Y1-Y2113-Y2014 连井常规剖面与反演速度剖面

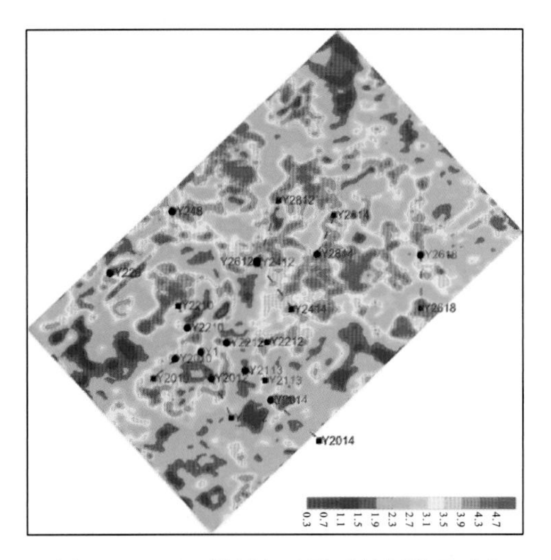

图 6-20　M10 煤层组地震反射累计 To 图

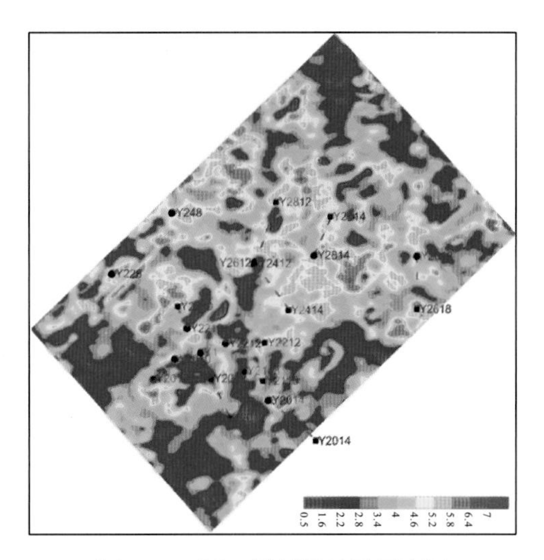

图 6-21　M10 煤层组地震厚度图

从图 6-22 可以看出，M10 煤层组纵向变化较大，中上部煤层较发育，主要集中于中西部分布。中部高速体增多，反映出中部砂泥夹层增多，下部煤层广泛发育，分布范围广，但横向连续性差。但底部煤层明显减少。

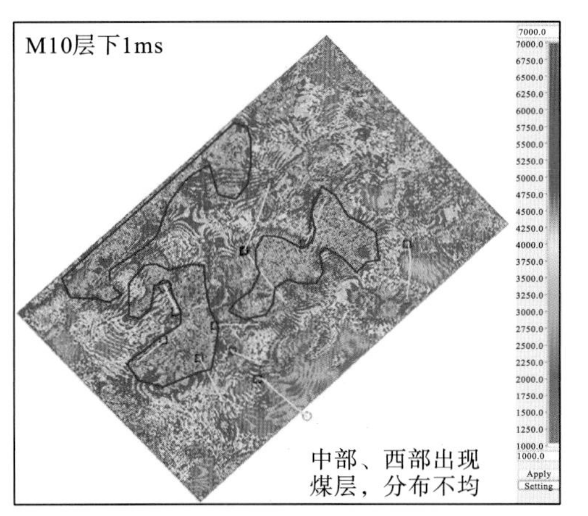

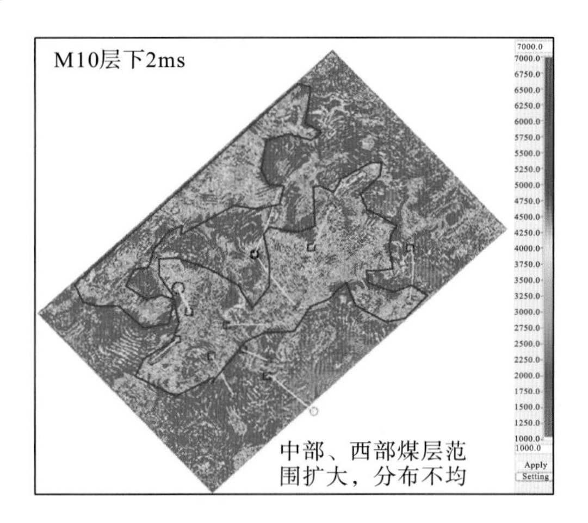

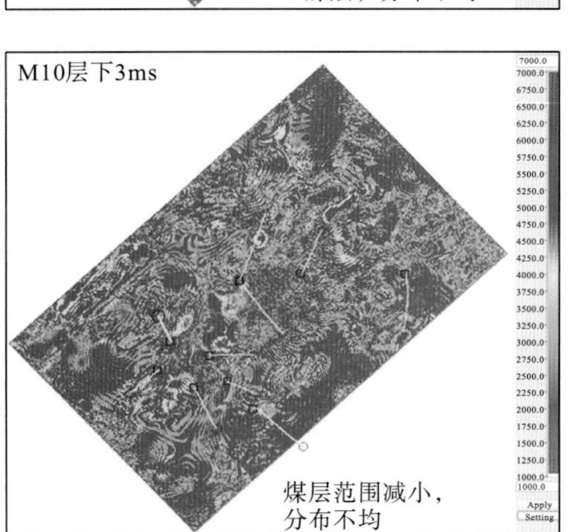

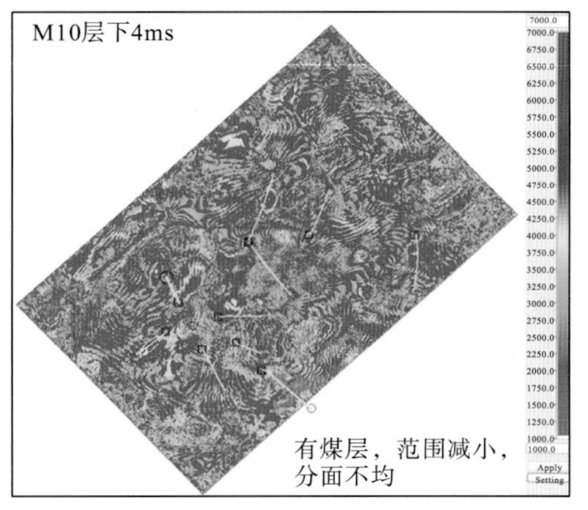

图 6-22　M10 煤层组纵向特征

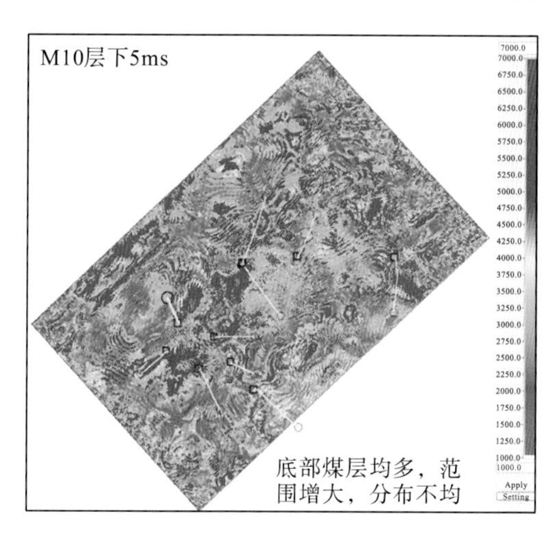

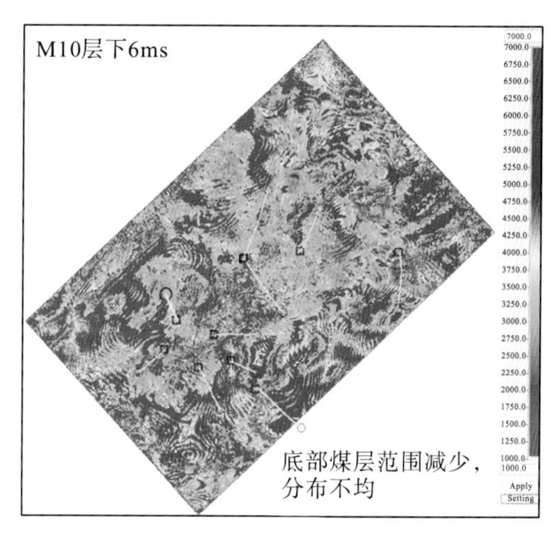

图 6-22 M10 煤层组纵向特征(续)

从反演速度图 6-23 和图 6-24 中可以看出，M10 煤层顶板以大片高速砂体为主(速度>4000m/s)，仅在东部局部地区为低速泥岩。顶板总体上横向分布稳定。而底板高速砂体(速度>4000m/s)横向分布不均，中间为低速泥岩间隔，揭示出底板岩性较杂，横向分布不稳定。

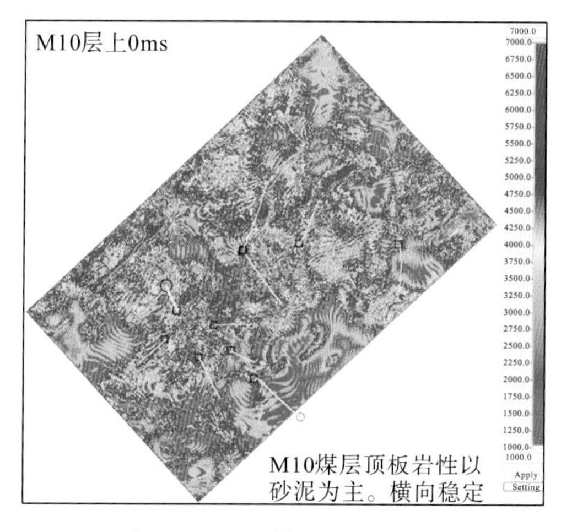

图 6-23 M10 煤层组顶板特征

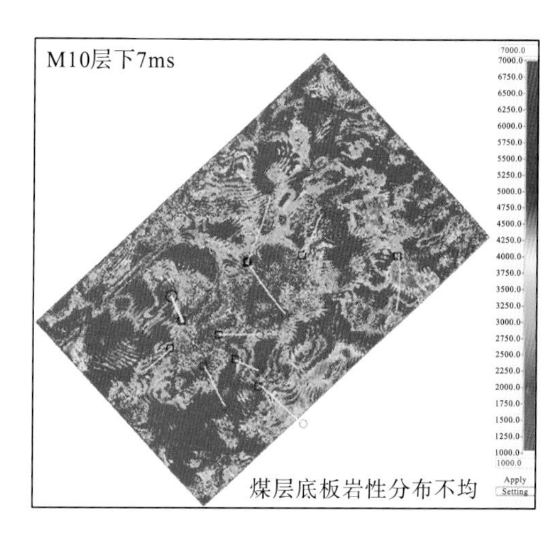

图 6-24 M10 煤层组底板特征

3)M2 煤层地震反演厚度计算及展布特征

对高分辨率速度反演剖面 M2 煤层进行追踪解释，据测井分析，煤层速度一般<2800m/s，故沿层位时窗提取速度<2800m/s 的累计时间数据，按平均速度 2500m/s 进行时深转换，获得了 M2 煤层厚度图(见图 6-25)。

从图 6-25 中可以看出，研究区 M2 煤层厚度为 2～8m，总体上以>5m 为主。平面上从 NE-SW 方向可分为北、中、南三个厚度>5m 的厚煤层条带，北条带在研究区北部边界，中部条带位于 Y248-Y2412-Y2618 一线、南部条带位于 Y228-Y2210-Y012 一线及南部，反映出其平面具有较强的非均质性。另外从图中可以看出，煤层气的富集与产出与其厚度关联性不大。

从图 6-26 速度纵向切片反映的特征看，总体上煤层向上较连续发育。总体上有顶底横向均质性差，中间较纯的特点。

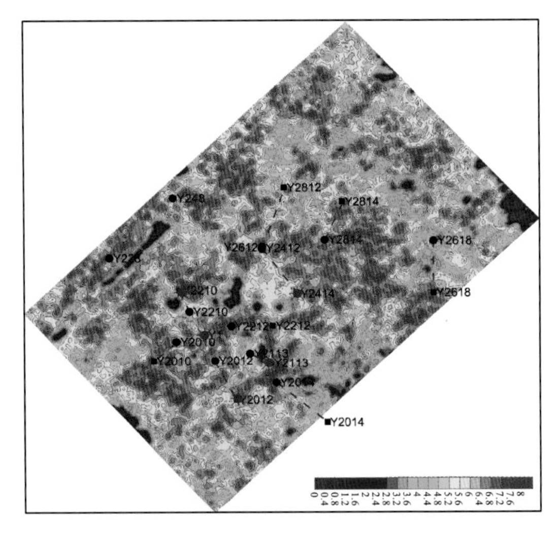

图 6-25　M2 煤层地震厚度平面图

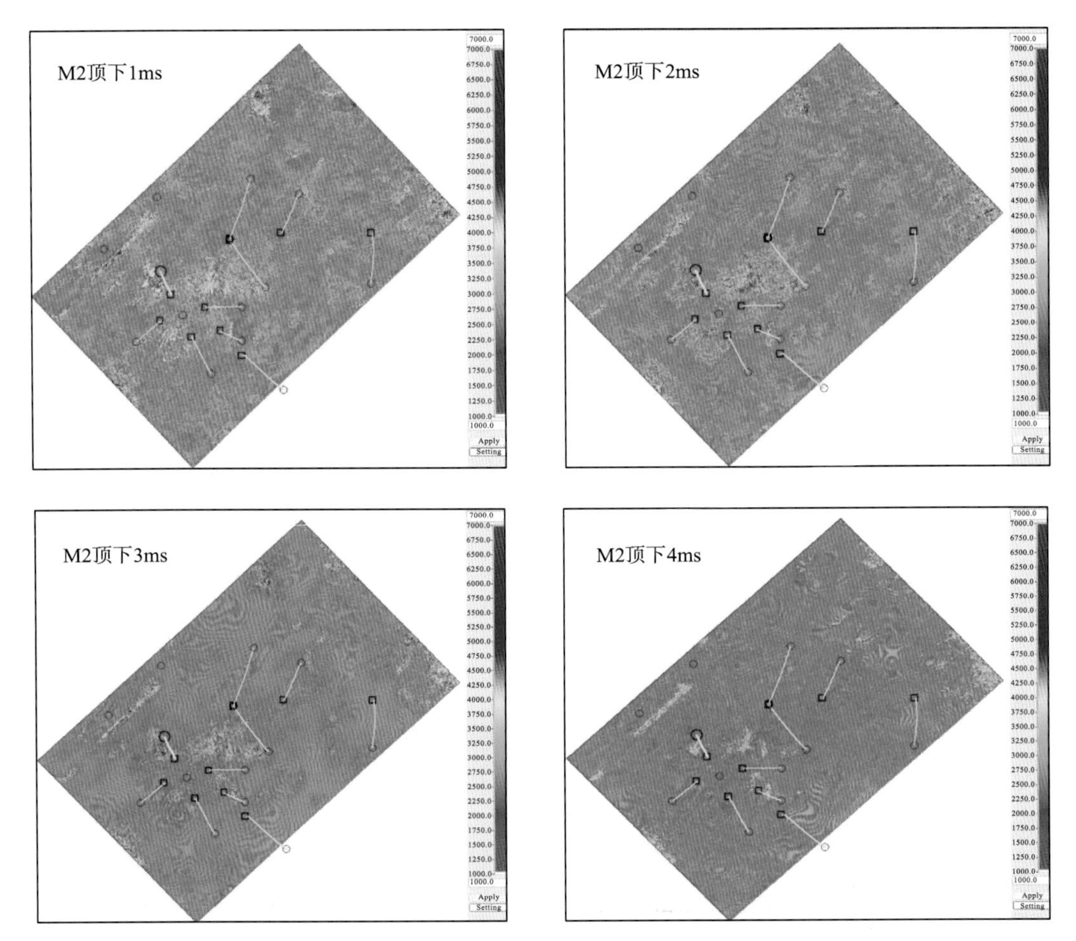

图 6-26　M2 煤层组纵向特征

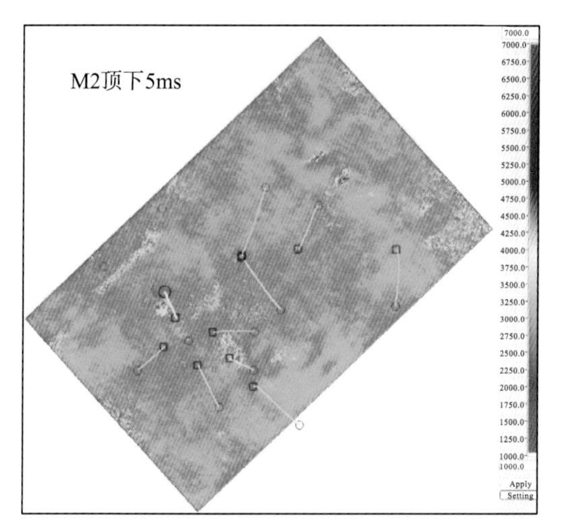

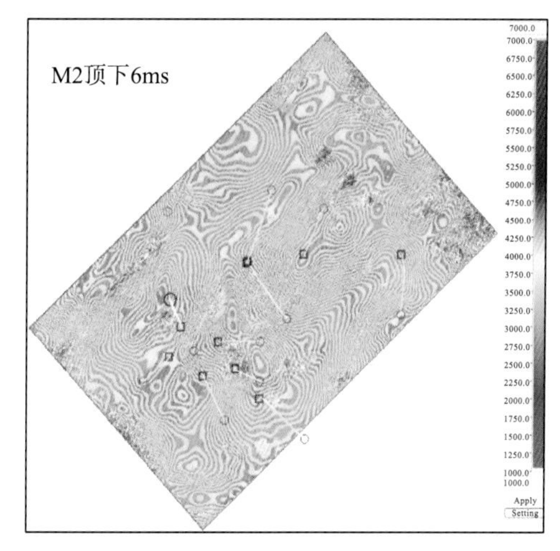

图 6-26　M2 煤层组纵向特征(续)

图 6-27～图 6-28 分别展示了 M2 煤层顶底板的特征。从图 6-27 可以看出 M2 煤层顶板以泥岩为主，局部有速度>5000m/s 的灰岩(如 Y2210)，这些高速灰岩作为顶板，对煤层气保存不利。图 6-28 展示出 M2 煤层底板主要为砂岩，北部有速度>5000m/s 的灰岩顶板。

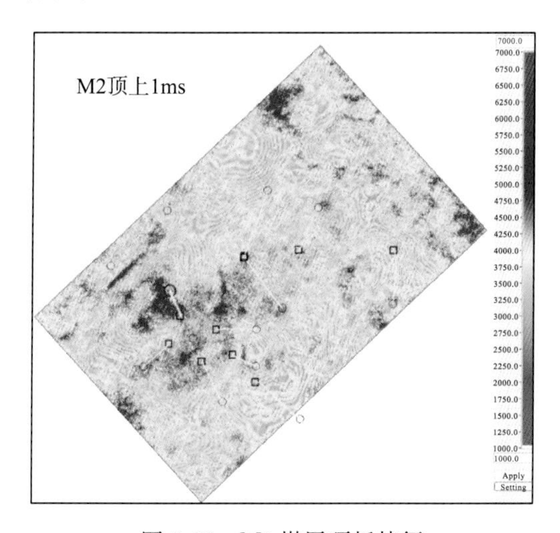

图 6-27　M2 煤层顶板特征

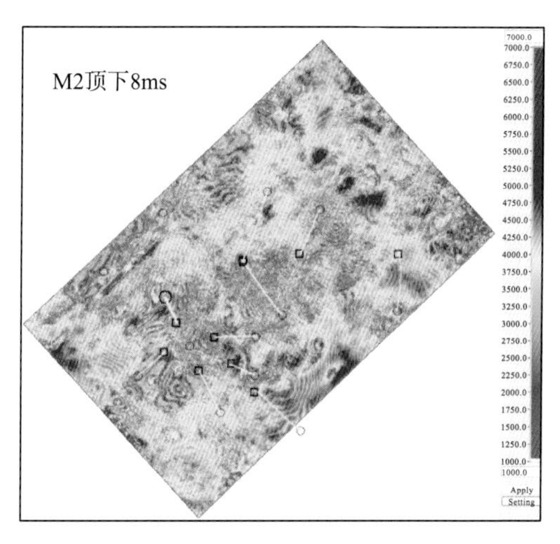

图 6-28　M2 煤层底板特征

6.3.3　工区 2、3 煤储层高分辨率非线性反演分析

本次研究选择了煤储层发育较好的鄂尔多斯盆地某地区(2 区，下同)和煤储层发育相对较差的准噶尔盆地 MXZ 地区(3 区，下同)，对高分辨率煤储层反演方法及效果进行检验与分析。通过 2、3 区的高分辨率反演剖面可以准确、清楚地揭示煤层的内部结构及纵横向展布特征。

对于 2 区，从图 6-29 上剖面可以看出，常规剖面上太原组与山西组地层地震反射均为强而连续的同相轴，煤层特征不清楚，但高分辨率波阻抗反演剖面上可以清楚地反映出煤层内部岩性变化特征：

S2(山二段)：砂体发育，往北增多。中、南部局部泥夹煤。

S1(山一段)：煤层中南部发育，煤性横向变化大，纵向有叠置。

T2(太二段)：煤层发育，煤性横向变化大，纵向有叠置。

总体上 2 区山西组和太原组早期煤层发育，横向变化大，两者之间封隔性差。S2 底可构成良好的顶板。

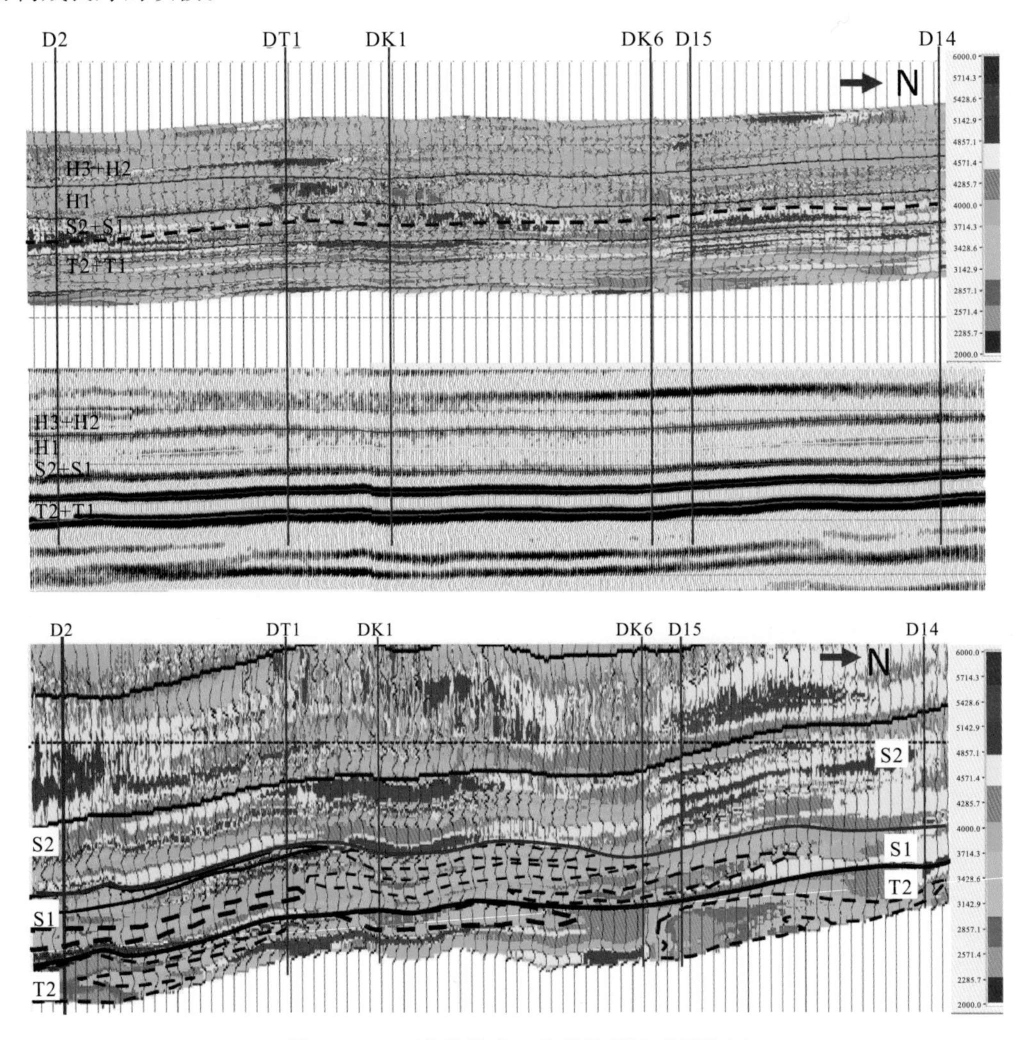

图 6-29　2 区高分辨率反演煤储层及顶板特征

3 区煤储层发育在山西组，发育程度相对较差。总体上单层煤层厚度 1～2m，累计厚度<10m。在常规剖面上展示出煤储层主要发育在北部，为强而连续的反射同相轴，无法看出煤储层内部结构变化特征。

从图 6-30～图 6-31 的高分辨率反演剖面上清楚地揭示了煤层内部结构。对井分析表明，Z107 上部煤层 7m，Z5 井上部煤层三层共 7m(图 6-31 上图箭头处)，都有低波阻抗与之对应。Z4、Z106、Z102 上部煤层(图 6-31 下图箭头处)分别为 1～5m、7m、1～2m，都有低波阻抗与之对应。波阻抗剖面上也反映出山西组煤层仅分布于 Z104 井 NW 方向。

图 6-32 是 3 区煤层速度、密度、伽马反演剖面，同样清楚地揭示出煤储层内部反射特征与变化规律，说明了高分辨率非线性属性反演方法同样适用于二维测线的反演，并且具有较好的反演效果。

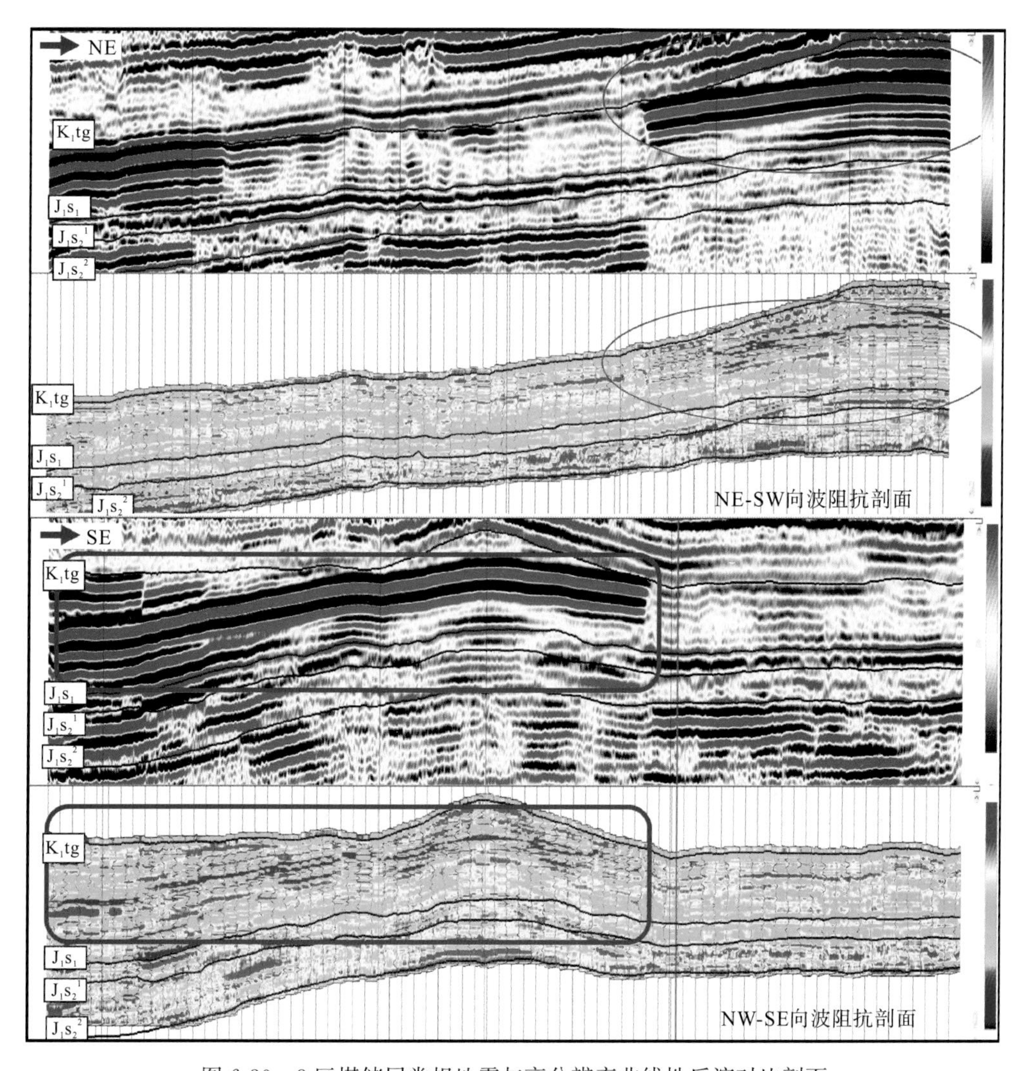

图 6-30　3 区煤储层常规地震与高分辨率非线性反演对比剖面

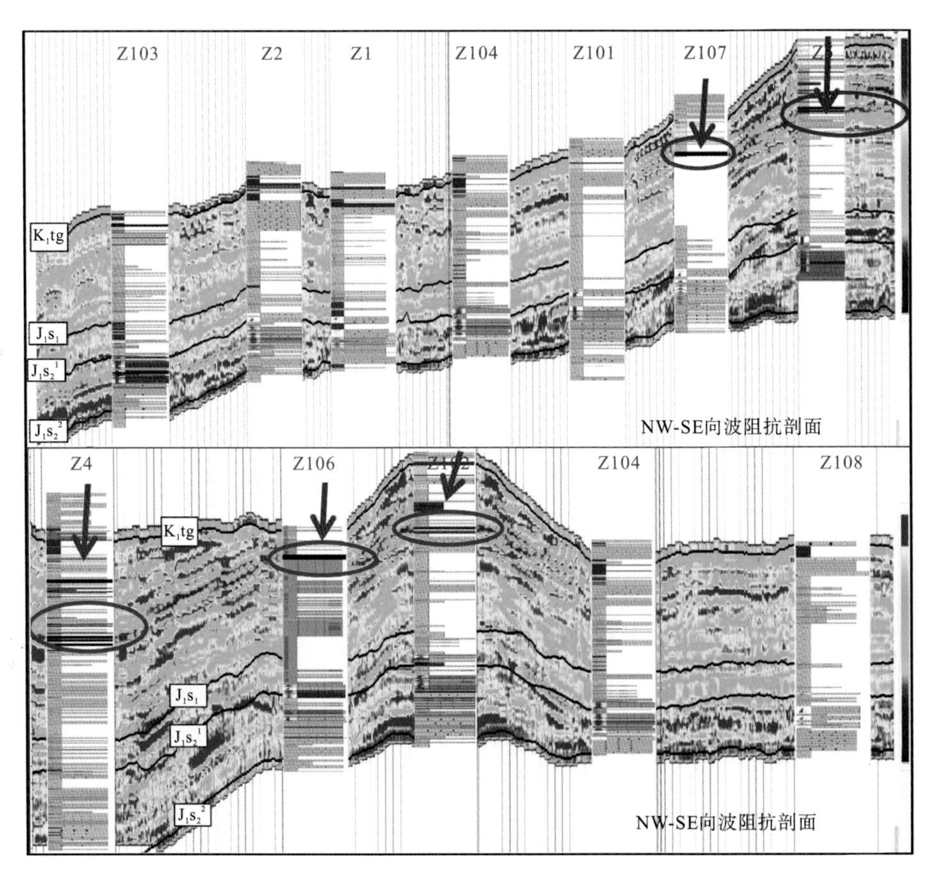

图 6-31　3 区高分辨率非线性反演煤层内部结构特征及对井分析

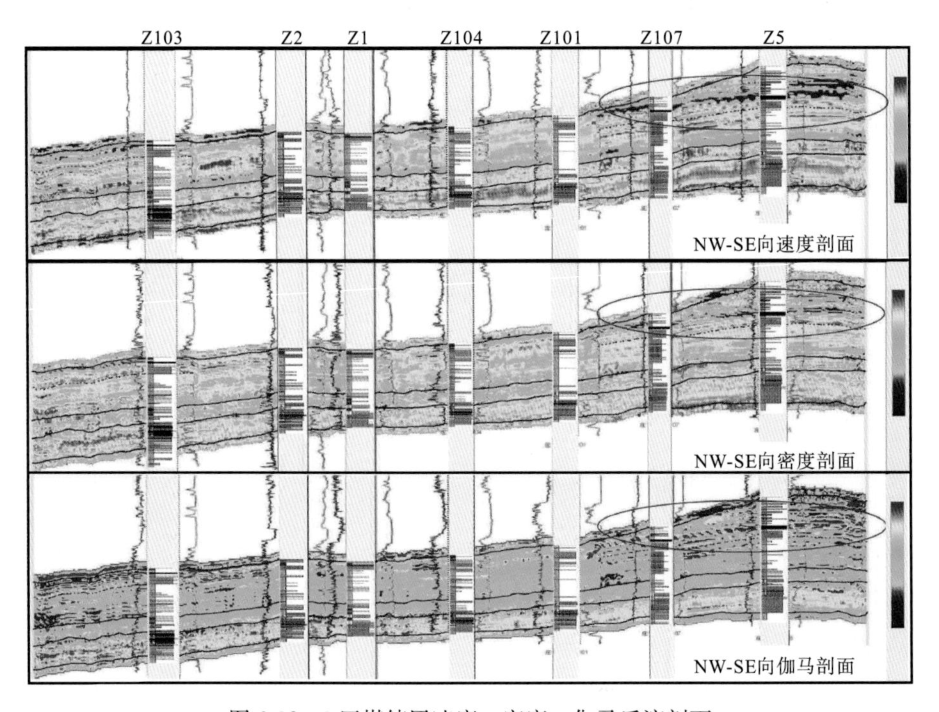

图 6-32　3 区煤储层速度、密度、伽马反演剖面

第 7 章　煤层气富集程度检测

7.1　煤层气储层非均质性预测

7.1.1　储层非均质性概述

地震参数分两类：一类是地震波场参数；另一类是地震介质参数，它与地震波传播介质有关，例如地震波速度、非均质性参数及吸收系数等。

储集层非均质性研究是储集层研究和油/气综合识别中不可缺少的一个重要内容。近年来，由于研究工作的深入，储集层非均质性研究的内容不断得到完善。因此，为解决不同的问题，非均质性研究的对象和内容也不尽相同。就目前的研究方法来说，概括起来主要包括宏观非均质性和微观非均质性以及平面和垂向非均质性研究。

研究储集层非均质性通常是使用岩心资料，利用岩心资料能较详细地研究取心井段内部及岩层间的非均质性特征，而对平面上非均质性的揭示尚有困难。由于取心资料的限制，很难满足生产的需求。为此，在我们的研究中，利用从地震资料中提取的参数信息，采用小波多尺度分频技术来研究储集层非均质性，为研究储集层及储集层参数的空间变化提供了一种新的有力工具，尤其是在勘探阶段具有很大的作用。

目前对地震数据提取储集层物性参数方面有许多文章发表，他们提出了很多种方法，但归纳起来，主要是两类方法：一类方法是以应力和应力分析为基础，提取储集层物性参数；另一类方法是利用经验公式进行参数转换，即将波阻抗或速度转换为物性参数。前一类方法要求条件较高，实现较困难；后一类方法简单易行，所提取的物性参数只能是地震意义上的储集层物性参数。在我们的研究中，以地震和测井资料为基础，结合岩石物理学研究成果，对储集层物性参数进行反演和估算。研究表明，结合岩石物理学的研究成果，将提高储集层物性参数的精确度和可靠性，这是提取储集层物性参数的发展方向之一。

7.1.2　YCN 煤层非均质性检测

利用小波多尺度分频技术对 YCN 三维区块地震数据进行不同尺度(大尺度、中尺度和小尺度)分频处理，再进行精细相干和奇异性检测，通过小波反向融合处理，生成了不同尺度的地震数据体。在研究区内选取 EW 方向和 SN 方向两条连井剖面进行煤层的非均质性分析(见图 7-1～图 7-6 所示)。

从大尺度(相当于低频 10～20Hz)剖面上可以看出，M2、M10 煤层横向变化小，连续性好，总体上具有较好的均质性(见图 7-1～图 7-2)。在中等尺度(相当于中频 35～45Hz)的剖面上，M2、M10 煤层横向上岩性开始出现明显的变化，表明煤层内部岩性是有变化的(见图 7-3～图 7-4)。在小尺度(相当于高频 55～65Hz)剖面上，M2、M10 两组煤层内部出现明显的岩性不连续性，横向变化剧烈，反映出煤层也具有明显的非均质性(见图 7-5～图 7-6)，这种非均质性对煤层气的吸附、富集有较大的影响，甚至对煤层气的开发也具有较大影响。

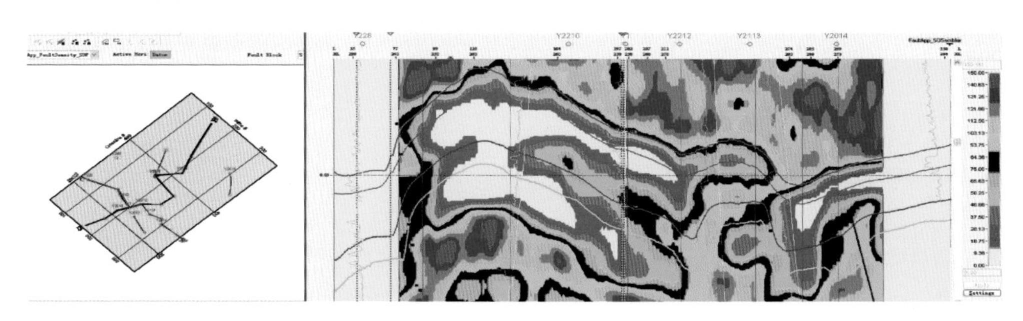

图 7-1　YCN 三维区 E-W 向连井大尺度非均质检测剖面

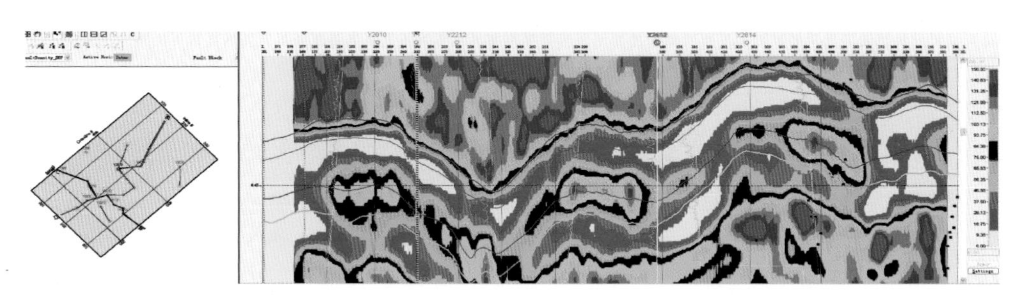

图 7-2　YCN 三维区 S-N 向连井大尺度非均质检测剖面

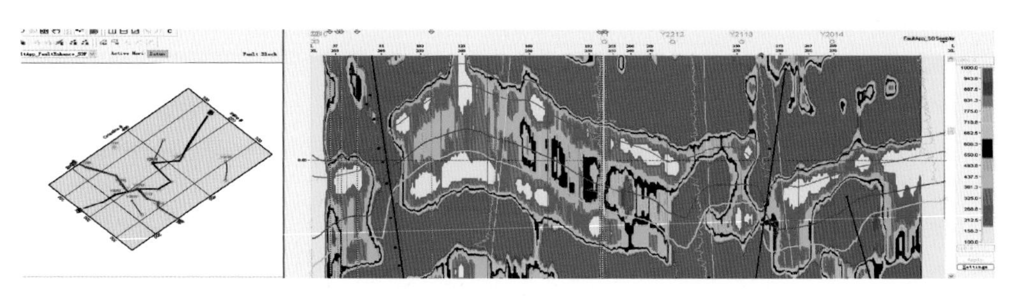

图 7-3　YCN 三维区 E-W 向连井中尺度非均质检测剖面

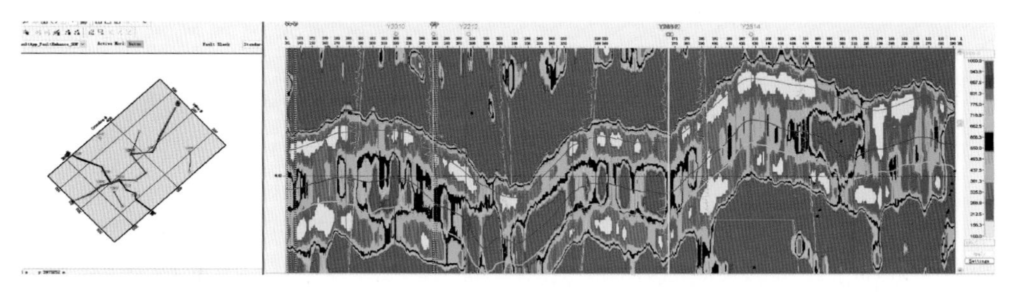

图 7-4　YCN 三维区 S-N 向连井中尺度非均质检测剖面

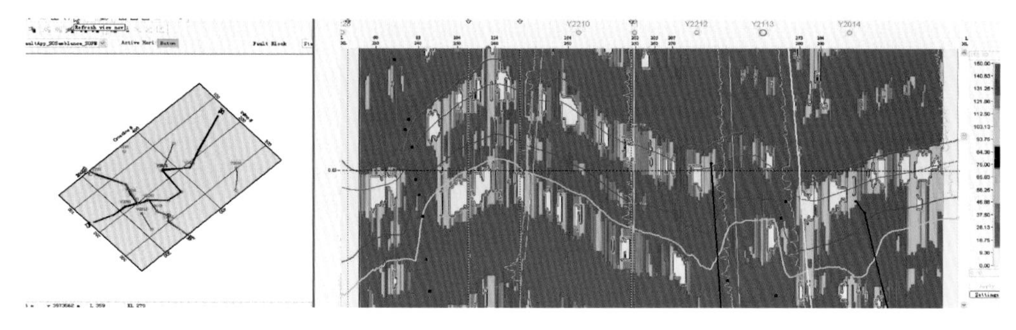

图 7-5　YCN 三维区 E-W 向连井小尺度非均质检测剖面

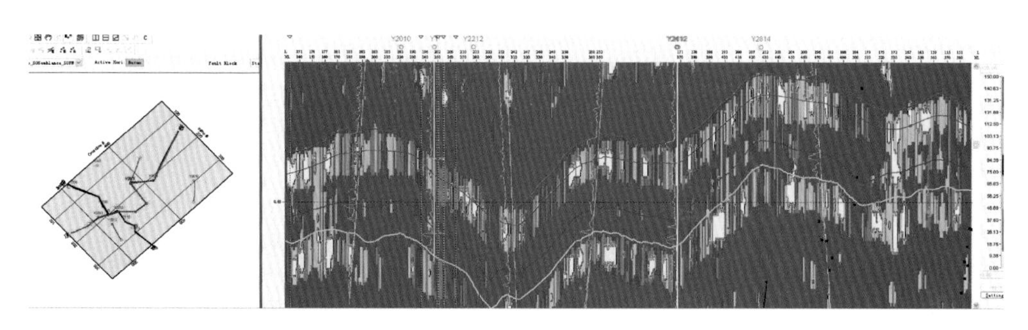

图 7-6　YCN 三维区 S-N 向连井小尺度非均质检测剖面

图 7-7 为 M2 煤层大尺度、中尺度、小尺度非均质性检测平面图，从图中可以看出，大尺度检测结果反映煤层在平面上总体非均质性，往小尺度这种非均质性变化明显。总体上南部和北部由于断层发育，非均质性明显，而主要的产气井，如 Y1、Y2012、Y2210、Y2113 等井均分布于中等非均质区，这些地区煤层微裂缝发育，有利于气的吸附和富集。而非均质性太高的地区，岩性变化大、断裂发育，不利于油气吸附且油气易于逸失。因此从区域上讲，煤层气富集南部优于北部。

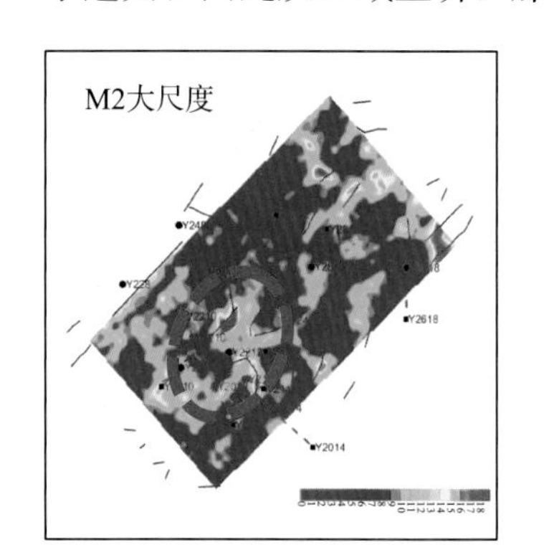

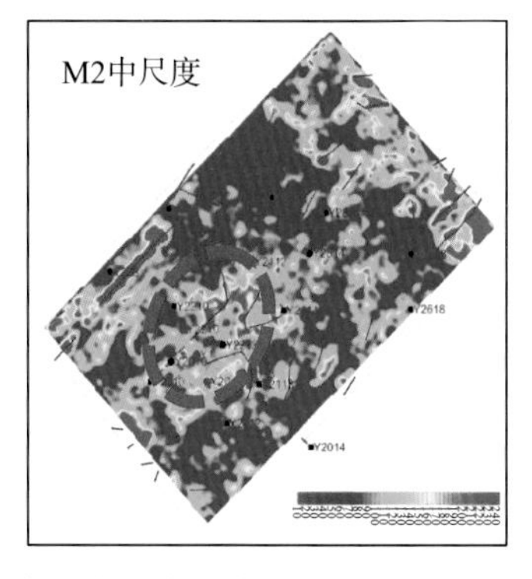

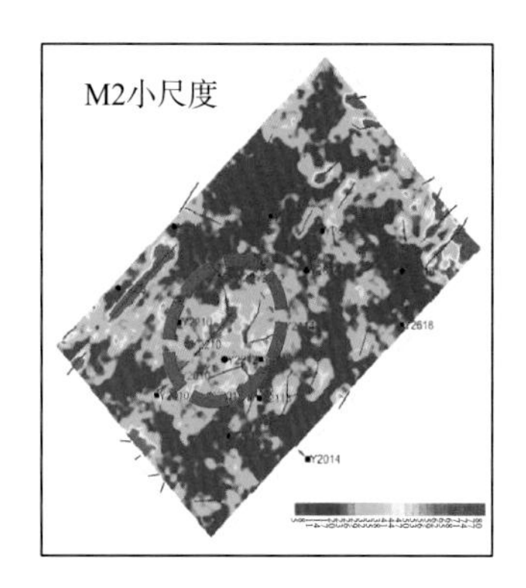

图 7-7　M2 大尺度、中尺度、小尺度非均质检测平面图

7.2　YCN 煤层气相对富集区低频异常检测

地震波散射理论的研究结果表明，含油气岩石会造成地震反射吸收加大、波传播的能量衰减，高频能量的衰减比低频能量的衰减快。因此可以用地震高频信息来进行油气

预测。而当地层含有流体和气体时，地震波传播过程中会出现低频能量的谐振散射和谐振放大的效应，致使低频部分能量异常放大，即低频能量相对增加的现象。在以往的时频分析技术应用中，注重高频信息利用的同时，而忽略了低频信息对于油气信号的指示作用。随着低频地震勘探的发展，低频信息的真实性得到提高，采用新的时频分析技术对低频信号进行利用。

本次研究在 YCN 三维地震数据基础上，沿 M2、M10 煤层时窗进行小波时频处理，获取高分辨率的频谱数据。提取低频值与频率平均值的差值，以此代表低频异常变化程度。当煤层不含气时，此差值较大，反之当煤层富含气时，低频震荡出现极值，其与平均值差值变较小。图 7-8～图 7-9 为 YCN 三维区中的两条连井低频异常剖面，从图中可以看出，产气井如 Y2210、Y1、Y2113 等井具有较小的低频差值，而 Y2212、Y2814 等不含气井则低频差值明显偏高。

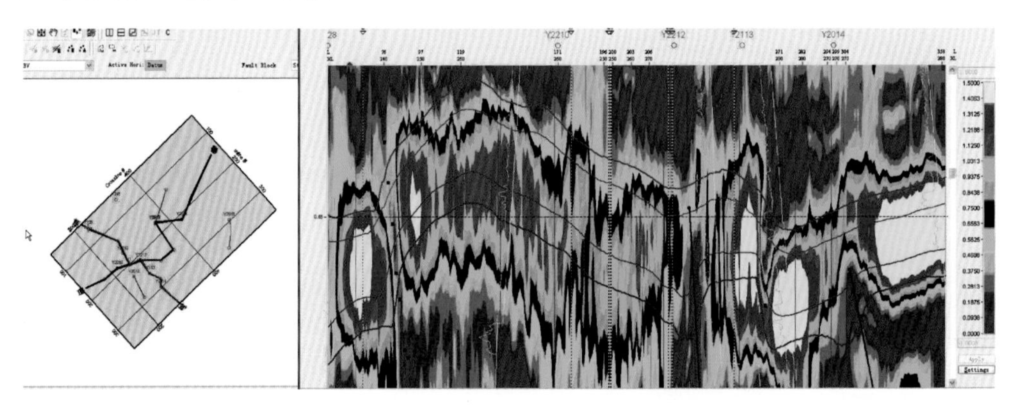

图 7-8　YCN 三维区 E-W 向连井低频差值剖面

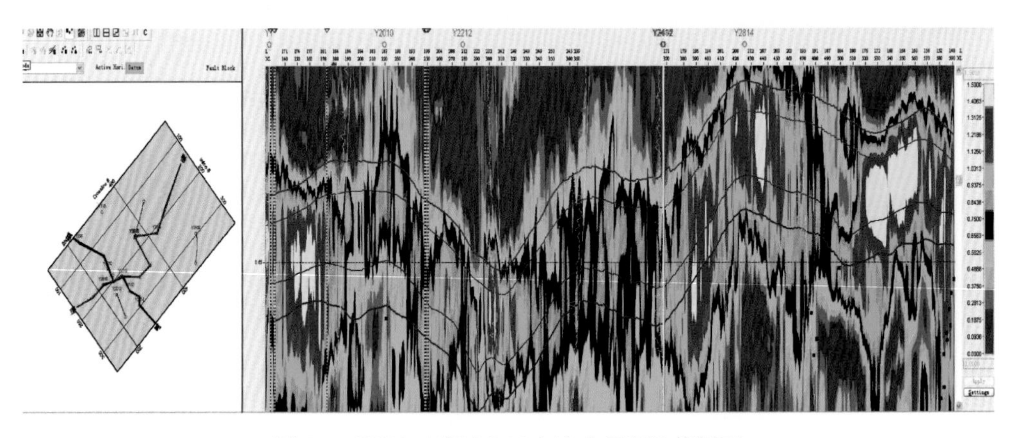

图 7-9　YCN 三维区 S-N 向连井低频差值剖面

图 7-10～图 7-11 分别为 M10、M2 煤层组的平均低频差值平面分布图。M10 煤层的低频差异常区范围较小，平面上较分散，与断层带的分布具有一定的重合度。由于该层煤层薄，煤砂泥互层频繁。因此地震影响因素复杂，其检测结果有一定的多解性。

M2 煤层在 Y2210、Y2010、Y1、Y2113、Y2414 等区形成了一个明显的低值区，此区目前的钻井基本均获得工业煤层气产能。说明此区是一个较广泛的煤层气相对富集区。

并且 M2 煤层非线性参数、非均质检测、低频差检测具有较好的对应关系(见图 7-12)，说明方法成果具有一定的可信度和准确度。图 7-12 红线圈定的区域是一个煤层气相对富集区。

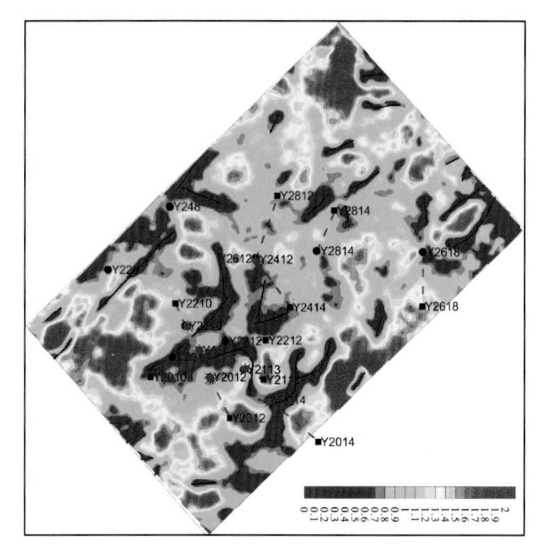

图 7-10　M10 煤层低频差平面图

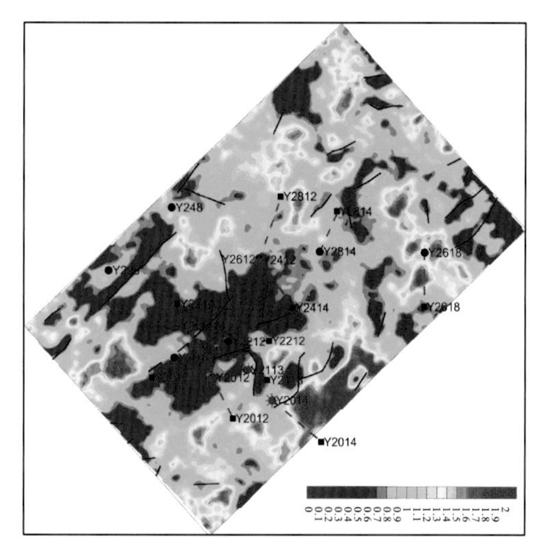

图 7-11　M2 煤层低频差平面图

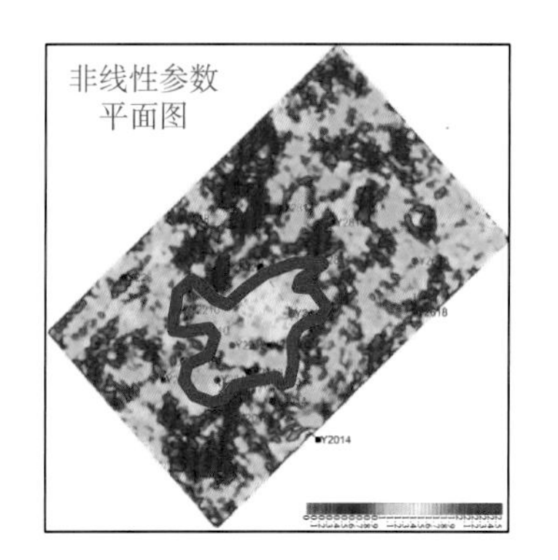

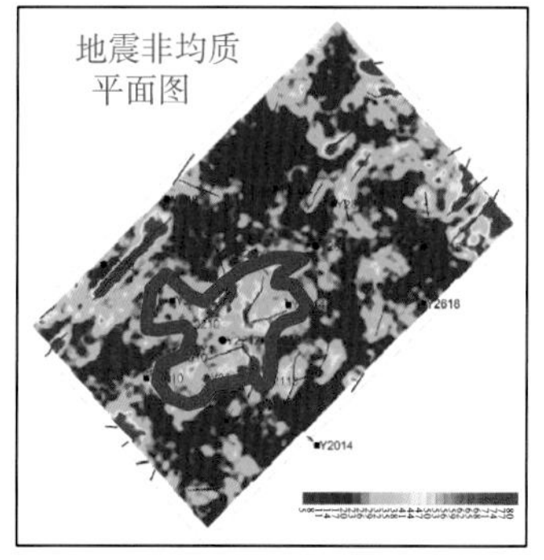

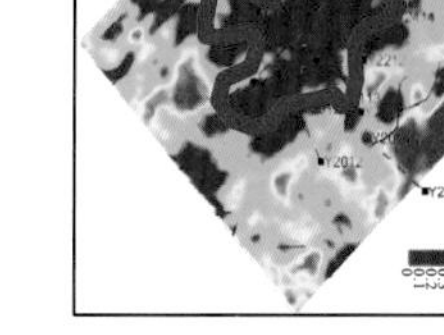

图 7-12　M2 煤层煤层气富集区检测

第 8 章　结论与展望

8.1　结论与认识

8.1.1　主要理论进展

煤岩样岩石物理参数特征分析：①获得了中高煤阶密度、纵横波速度的分布范围，煤层纵横波速度之间具有良好的线性关系；②与围岩相比，煤层不仅具有低速度、低密度的特点，而且具有较强的非均质性、各向异性和非线性特征。这些关系模型构成了煤层气地震非线性参数分析、非线性反演与煤层气富集区预测技术的岩石物理基础。

8.1.2　主要技术进展

1)煤岩样地层条件下岩石物理实验技术

在设备改造的基础上，通过对煤层气储层岩石物理实验测试技术研究，建立适合煤层气藏储层条件的岩石物理测试环境，发展煤层气岩石物理测试分析技术。针对煤层气储层具有双重孔隙结构、高吸附性等特点，形成一套能够模拟煤层气储层条件的岩石物理测试技术。通过对试验区煤层气有利区带储层煤岩样岩石物理参数测试，分析煤层气储层岩石物理参数之间的关系，总结出煤层气储层条件下的岩石物理特征，为岩石物理模型、实际模型的数值模拟和波场特征分析提供基础实验数据。

2)煤层气储层裂缝非线性预测技术及软件实现

由相空间的重建、裂缝的关联维分析及裂缝的突变理论预测技术所组成。在裂缝非线性预测技术中所使用的非线性参数是直接与煤储层裂缝有关的参数，称之为裂缝预测的“直接参数”。由于煤层气储层的复杂性和沉积的多变性等使储层具有多变复杂性和非线性性质。沉积盆地作为一个耗散的非线性动力学系统，其演化过程的遗迹均包含于沉积地层的结构和组成之中，地震或测井记录正是这一演化过程的物理响应，也就必然包含了大量系统演化特征的信息。从非线性动力学系统的观点来研究这些资料，通过计算相空间重构的地震记录，求取反映地震反射序列所具分形特征的参数——关联维，以及判别储集层演化程度的混沌度指标——Lyapunov 指数。同时，利用突变理论中的尖点突变方法，从地震资料提取所含盆地演化和沉积地层的特征信息——突变参数。通过这三种非线性参数剖面，可以分析煤层的不均匀性和煤层内部介质结构变化情况，以及煤层岩性变化、煤岩裂隙发育带，地震非线性参数能较好地揭示煤层内部结构(割理与裂缝)特征。通过对非线性参数的融合计算出综合的非线性参数值，可用来表征煤储层的高渗区，进而是可能的煤层气富集区。

3)煤层气储层高分辨率非线性三维反演方法及软件实现

高分辨率非线性三维整体反演方法是基于非线性理论及岩石物理成果，将禁忌搜索算法、混沌算法与遗传算法混合组成混沌禁忌遗传算法[GA-TS-CS(Chaos)]，将该算法和 ANFIS 算法混合的时候，并且概率自适应变化，从而求得全局最优值。实际计算时，在层位控制下，将工区多井(或全部井)的测井数据与井旁地震道数据输入具有多输入多输出的 ANFIS 网络，同时进行整体训练，可获得整个工区综合非线性映射关系(工区函数)，并建立综合非线性映射关系，并根据储层在纵横方向上的地质变化特征更新这种非线性映射关系，这样，就能对反演过程及其反演结果起到约束和控制的作用，从而获得稳定且分辨率高的地震反演数据体，实现整体反演，该方法通过模型试算和实际资料处理，获得较好的地质效果，证明该方法精度高、实用性强，可用于储层的定量分析。

8.2 展　望

基于岩石物理的煤层气非线性预测与应用对非常规油气检测具有重要实际意义和理论价值，动力学非线性科学是一门新兴学科，已被引入和应用于许多科学和工程领域内，在地球物理油气勘探领域中的引入和应用虽还处于起步阶段，但即将步入快速发展阶段，有着广阔的前景，特别是对于常规方法技术难以解决的复杂性和多变性的问题。非常规储层预测方法与技术的发展必将是储层预测非线性化、深入储层内部结构分析的微观化、储层预测与评价定量化等。因此，非常规油气检测有待在方法理论上进一步发展和深化以适用实际需要。

参考文献

安鸿伟. 2002. 混沌动力学与地震油储信息检测方法[D]. 成都：成都理工大学.

曹均，贺振华，黄德济，等. 2004. 储层孔(裂)隙的物理模拟与超声波实验研究[J]. 地球物理学进展，19(2)：386-391.

常锁亮，刘大锰，林玉成，等. 2009. 频谱分解技术在煤田精细构造解释及煤含气性预测中的应用[J]. 煤炭学报，34(8)：1015-1021.

常锁亮，刘大锰，王明寿. 2008. 煤层气勘探开发中地震勘探技术的作用及应用方法探讨[J]. 中国煤层气，5(2)：23-27.

常锁亮，杨起，刘大锰，等. 2008. 煤层气储层物性预测的AVO技术对地震纵波资料品质要求的探讨[J]. 地球物理学进展，23(4)：1236-1243.

常锁亮. 2008. 沁水盆地南部煤层气储层物性预测的地震技术研究与应用[D]. 北京：中国地质大学.

陈贵武，董守华，吴海波，等. 2014. 高丰度煤层气富集区地球物理定量识别技术研究与应用[J]. 地球物理学进展，29(5)：2151-2156.

陈鹏. 2001. 中国煤炭性质、分类和利用[M]. 北京：化学工业出版社.

陈信平，霍全明，林建东，等. 2013. 煤层气储层含气量与其弹性参数之间的关系——思考与初探[J]. 地球物理学报，56(8)：2837-2848.

陈耀文，林月娟，张海丹，等. 2006. 扫描电子显微镜与原子力显微镜技术之比较[J]. 中国体视学与图像分析，11(1)：53-58.

陈颙，黄庭芳. 2001. 岩石物理学[M]. 北京：北京大学出版社.

陈祖安，伍向阳. 2000. 砂岩孔隙度和含泥量与波速关系的模型[J]. 地球物理学进展，15(1)：78-82.

承秋泉，陈红宇，范明，等. 2006. 盖层全孔隙结构测定方法[J]. 石油实验地质，28(6)：604-608.

程君，周安宁，李建伟. 2001. 煤结构研究进展[J]. 煤炭转化，24(4)：1-6.

狄帮让，魏建新，王尚旭. 2004. 井间地震物理模型及测试应用研究[J]. 石油大学学报(自然科学版)，28(2)：20-23.

狄帮让，魏建新，夏永革. 2002. 三维地震物理模型技术的效果与精度研究[J]. 石油地球物理勘探，37(6)：562-568.

董守华. 2004. 煤弹性各向异性系数测试与P波方位各向异性裂缝评价技术[D]. 徐州：中国矿业大学.

董守华. 2008. 气煤弹性各向异性系数实验测试[J]. 地球物理学报，51(3)：947-952.

樊明珠，王树华. 1997. 高变质煤去的煤层气可采性[J]. 石油勘探与开发，24(2)：87-90.

冯文光. 1998. 煤层气藏可采性[J]. 矿物岩石，18(2)：62-66.

傅雪海，秦勇，薛秀谦，等. 2001. 煤储层孔、裂隙系统分形研究[J]. 中国矿业大学学报(自然科学版)，30(3)：225-228.

郭建. 1993. 裂隙介质中的各向异性研究[J]. 石油地球物理勘探，28(3)：348-353.

郭晓波，张时音，陈玉华. 2003. 内蒙古二道岭矿区煤储层孔隙结构特征[J]. 中国煤田地质，15(6)：27-29.

郝琦. 1987. 煤的显微孔隙形态特征及其成因探讨[J]. 煤炭学报，(4)：51-54.

何兵寿，彭苏萍，张会星，等. 2008. 煤体中直立裂隙的多波地震响应及预测[J]. 地质学报，82(10)：1416-1421.

贺振华，黄德济，胡光岷，等. 1999. 复杂油气藏地震波场特征方法理论及应用[M]. 成都：四川科学技术出版社.

贺振华，李亚林，曹均，等. 2003. 地层温压条件下超声波测试技术[J]. 勘探地球物理进展，26(2)：84-87.

侯俊胜. 2000. 煤层气储层测井评价方法及其应用[M]. 北京：冶金工业出版社.

胡宗正，郭良红，林建东. 2008. 三维地震属性参数在煤层厚度预测中的应用[J]. 中国煤炭地质，20(6)：56-58.

黄第藩，华阿新，秦匡宗. 1992. 煤成油地球化学新进展[M]. 北京：石油工业出版社.
霍多特 B B. 1966. 煤与瓦斯突出机理[M]. 宋世钊，王佑安译. 北京：中国工业出版社.
霍丽娜，徐礼贵，邵林海，等. 2014. 煤层气“甜点区”地震预测技术及其应用[J]. 天然气工业，34(8)：46-52.
琚易文，候泉林，姜波，等. 2006. 构造煤结构与储层物性[R]. 2006 第六届国际煤层气研讨会，32-27.
康天河，赵阳升，靳钟铭. 1995. 煤体裂隙尺度分布的分形研究[J]. 煤炭学报，20(4)：393-398.
李景明，王红岩，赵群. 2008. 中国新能源资源潜力及前景展望[J]. 天然气工业，28(1)：149-153.
李美芬，曾凡桂，齐福辉，等. 2009. 不同煤级煤的 Raman 谱特征及与 XRD 结构参数的关系[J]. 光谱学与光谱分析，29(9)：2446-2449.
李琼，何建军，曹均. 2013. 沁水盆地和顺地区煤层气储层物性特征[J]. 石油地球物理勘探，48(5)：734-739.
李琼，何建军，贺振华，等. 2009. 温压条件下孔洞储层的地震波响应特征[J]. 石油地球物理勘探，44(1)：53-57.
李琼，贺振华，黄德济，等. 2003. 温压条件下孔洞模型超声波实验与结果分析[A]//中国地球物理学会第十九届学术年会论文集[C]. 南京：南京师范大学出版社.
李琼，贺振华，黄德济，等. 2007. 单孔洞缝模型超声波实验测试与分析[J]. 石油物探，46(1)：100-104.
李琼，李勇，李正文，等. 2006. 基于 GA-BP 理论的储层视裂缝密度地震非线性反演方法[J]. 地球物理学进展，21(2)：465-471.
李琼，李正文，魏野. 2004. 同铁构造嘉陵江组储层裂缝非线性预测与分析研究[J]. 矿物岩石，24(2)：78-81.
李仁海，崔若飞，毛欣荣，等. 2008. 利用岩性解释方法圈定岩浆岩侵入煤层范围[J]. 地球物理学进展，23(1)：242-248.
李文华. 2001. 东胜—神府煤的煤质特征与转化特性(兼论中国动力煤的岩相特征)[D]. 北京：煤炭科学研究总院，104-133.
李文英，谢克昌. 1992. 平朔气煤的煤岩显微组分结构研究[J]. 燃料化学学报，20(4)：375-383.
李相臣，康毅力. 2010. 煤层气储层微观结构特征及研究方法进展[J]. 中国煤层气，7(2)：13-17.
李亚林，贺振华，黄德济，等. 1999. 露头砂岩纵横波衰减的各向异性实验研究[J]. 石油地球物理勘探，34(6)：658-664.
李亚林. 1999. 孔(裂)隙介质波场特征的超声实验及应用研究[D]. 成都：成都理工大学.
李云. 1998. 非线性动力系统的现代数学方法及其应用[M]. 北京：人民交通出版社.
李正文，李琼. 1999. 岩性储集层的混沌识别技术研究[J]. 矿物岩石，19(2)：81-85.
林庆西. 2015. 煤层 AVO 正演模拟及煤储层基本参数地震预测研究[D]. 北京：中国矿业大学(北京).
刘飞. 2007. 山西沁水盆地煤岩储层特征及高产富集区评价[D]. 成都：成都理工大学.
刘洪林，王红岩，张建博. 2000. 煤储层割理评价方法[J]. 天然气工业，20(4)：27-29.
刘焕杰，秦勇，桑树勋. 1998. 山西南部煤层气地质[M]. 徐州：中国矿业大学出版社.
刘立州. 2008. 长平井区瓦斯赋存及涌出规律分析[J]. 洁净煤技术，14(6)：104-107.
刘丽民，魏庆喜，徐仁桂. 2008. 煤层气常规测井技术与应用[J]. 中国煤层气，5(1)：28-31.
刘树根，单钰铭，黄思静，等. 2006. 塔河油田碳酸盐岩储层声学参数特征及变化规律[J]. 石油与天然气地质，27(3)：399-404.
刘咸卫，曹运兴，刘瑞，等. 2000. 正断层两盘的瓦斯突出分布特征及其地质成因浅析[J]. 煤炭学报，25(6)：571-575.
刘贻军，娄建青. 2004. 中国煤层气储层特征及开发技术探讨[J]. 天然气工业，24(1)：68-71.
马中高，解吉高. 2005. 岩石的纵、横波速度与密度的规律研究[J]. 地球物理学进展，20(4)：905-910.
马中高，伍向阳，王中海. 2006. 有效压力对岩石纵横波速度的影响[J]. 勘探地球物理进展，29(3)：183-186.
孟召平，张吉昌，Joachim T. 2006. 煤系岩石物理力学参数与声波速度之间的关系[J]. 地球物理学报，49(5)：1505-1510.
宁忠华. 2006. 垂直定向裂缝介质的地震波特性与流体预测研究[D]. 成都：成都理工大学.
彭春洋，陈健，原晓珠，等. 2011. 煤层气储层渗透性影响因素分析[J]. 煤，20(5)：38-42.
彭苏萍，杜文凤，勾精为，等. 2014a. 煤层气藏高分辨率探测的地球物理方法[M]. 北京：科学出版社.

彭苏萍，杜文凤，殷裁云，等. 2014b. 高丰度煤层气富集区地球物理识别[J]. 煤炭学报，39(8)：1398-1403.
彭苏萍，杜文凤，苑春方，等. 2008. 不同结构类型煤体地球物理特征差异分析和纵横波联合识别与预测方法研究[J]. 地质学报，82(10)：1311-1321.
彭苏萍，高云峰，杨瑞召，等. 2005. AVO探测煤层瓦斯富集的理论探讨和初步实践：以淮南煤田为例[J]. 地球物理学报，48(6)：1475-1485.
彭晓波，彭苏萍，詹阁. 2005. P波方位AVO在煤层裂缝探测中的应用[J]. 岩石力学与工程学报，24(16)：2960-2965.
秦勇. 2005. 国外煤层气成因与储层物性研究进展与分析[J]. 地学前缘，12(3)：289-298.
沈联蒂，史謌. 1994. 岩性、含油气性、有效覆盖压力对纵、横波速度的影响[J]. 地球物理学报，37(3)：391-399.
施行觉，夏从俊，吴永钢. 1998. 储层条件下波速的变化规律及其影响因素的实验研究[J]. 地球物理学报，41(2)：234-241.
史謌，沈联蒂. 1990. 根据波速—压力关系评价岩石岩性、物性的实验研究[J]. 地球物理学报，33(2)：212-219.
史謌，杨东全. 2001. 岩石波速和孔隙度、泥质含量之间的关系研究[J]. 北京大学学报(自然科学版)，37(3)：379-384.
舒新前，王祖讷，徐精求，等. 1996. 神府煤煤岩组分的结构特征及其差异[J]. 燃料化学学报，24(5)：426-433.
宋岩，柳少波，赵孟军，等. 2009. 煤层气藏边界类型、成藏主控因素及富集区预测[J]. 天然气工业，29(10)：5-9.
苏现波. 1998. 煤层气储集层的孔隙特征[J]. 焦作工学院学报，17(1)：6-11.
孙渊，张良，朱军，等. 2008. 地震属性参数在煤层厚度预测中的应用[J]. 煤田地质与勘探，36(2)：58-60.
谭廷栋. 1994. 天然气勘探中的测井技术[M]. 北京：石油工业出版社.
汤达祯，刘大锰，唐书恒，等. 2014. 煤层气开发过程储层动态地质效应[M]. 北京：科学出版社.
王炳章. 2001. 地震岩石物理学基本准则[J]. 石油物探译丛，(4)：1-20.
王磊，何伟. 2005. 地震在煤层气勘探开发中的应用[J]. 勘探科学技术，(3)：56-58.
王明寿，汤达桢，张尚虎. 2004. 煤储层孔隙研究现状及其意义[J]. 中国煤层气，1(2)：9-11.
王尚旭，狄帮让，魏建新. 2002. 断层物理模型实验及其地震响应特征分析[J]. 地球科学－中国地质大学学报，27(6)：733-735.
王世瑞，杨德义，彭苏萍，等. 2004. 多分量转换波裂缝检测技术的进展[J]. 特种油气藏，11(3)：12-15.
王许涛，刘文斌，张百良. 2006. 煤层气开发利用的制约因素及对策[J]. 洁净煤技术，12(4)：27-30.
蔚远江. 2002. 准噶尔盆地低煤级煤储层及煤层气成藏初步研究[D]. 北京：中国地质大学（北京）.
魏建新. 1993. 岩石横波分裂和各向异性的实验室观测[J]. 石油物探，32(1)：60-67.
魏建新. 2002. 不同裂缝密度的物理模型研究[J]. 石油物探，41(4)：433-438.
乌洪翠，邵才瑞，张福明. 2008. 深部煤层气测井评价方法及其应用[J]. 煤田地质与勘探，36(4)：25-28.
伍向阳，陈祖安，魏建新. 2000. 一种测量岩石声波速度和衰减谱的技术[J]. 岩石力学与工程学报，19(增刊)：895-898.
谢克昌. 2003. 煤的结构和反应性[M]. 北京：科学出版社.
徐开礼，朱志澄. 1984. 构造地质学[M]. 北京：地质出版社.
杨顶辉，陈小宏. 2001. 含流体多孔介质的BISQ模型[J]. 石油地球物理勘探，36(2)：146-159.
杨顶辉，滕吉文. 1997. 各向异性介质中三分量地震记录的FCT有限差分模拟[J]. 石油地球物理勘探，32(2)：181-190.
杨顶辉，张中杰，滕吉文，等. 2000. 双相各向异性研究、问题与应用前景[J]. 地球物理学进展，15(2)：7-21.
杨顶辉，张中杰. 2000. Biot和喷射流动耦合作用对各向异性弹性波的影响[J]. 科学通报，45(12)：1333-1340.
杨顶辉. 2002. 双相各向异性介质中弹性波方程的有限元解法及波场模拟[J]. 地球物理学报，45(4)：575-583.
杨金和，陈文敏，段云龙. 2004. 煤炭化验手册[M]. 北京：煤炭工业出版社.
杨起，韩德馨. 1979. 中国煤田地质学(上册)[M]. 北京：煤炭工业出版社.
杨双安，宁书年，张会星，等. 2006. 三维地震勘探技术预测瓦斯的研究成果[J]. 煤炭学报，31(3)：334-336.

杨文采. 1993. 地震道的非线性混沌反演——Ⅰ. 理论与数值实验[J]. 地球物理学报，36(2)：222-232.
雍世和，张超谟. 1997. 测井数据处理与综合解释[M]. 东营：石油大学出版社.
詹姆斯·V·约翰逊. 1990. 与定向裂隙有关的各向异性的横波观测：一种物理模型研究[A]//林小森译. 地震数字处理技术外协论文集[C]. 中国石油天然气总公司物探局研究院.
张春雷，李太任，熊琦华. 2000. 煤岩结构与煤体裂隙分布特征的研究[J]. 煤田地质与勘探，28(5)：26-30.
张帆，贺振华，黄德济，等. 1999. 储层裂隙波场特征物理模型实验研究[J]. 石油地球物理勘探，34(6)：675-681.
张光前，李继英. 1991. 定量岩石地层学[M]. 北京：中国地质大学出版社.
张慧，李小彦，郝琦，等. 2003. 中国煤的扫描电子显微镜研究[M]. 北京：地质出版社.
张慧，李小彦. 2004. 扫描电子显微镜在煤岩学上的应用[J]. 电子显微学报，23(4)：467-467.
张慧. 2001. 煤孔隙的成因类型及其研究[J]. 煤炭学报，26(1)：40-44.
张军，袁建伟，徐益谦. 1999. 煤的显微组分在加热过程中孔隙结构的变化[J]. 煤炭转化，22(1)：23-26.
张松航，汤达祯，唐书恒，等. 2008. 鄂尔多斯盆地东缘煤储层微孔隙结构特征及其影响因素[J]. 地质学报，82(10)：1341-1349.
张松扬. 2009. 煤层气地球物理测井技术现状及发展趋势[J]. 测井技术，33(1)：9-15.
张素新，肖红艳. 2000. 煤储层中微孔隙和微裂隙的扫描电镜研究[J]. 电子显微学报，19(4)：531-532.
张向君，李勤学，杨磊，等. 1999. 地震道的井约束混沌控制反演[J]. 石油地球物理勘探，34(1)：8-13.
张新民，庄军，张遂安. 2002. 中国煤层气地质与资源评价[M]. 北京：科学出版社.
张占存. 2006. 煤的吸附特征及煤中孔隙的分布规律[J]. 煤矿安全，37(9)：1-3.
赵鸿儒，唐文榜，郭铁栓. 1986. 超声地震模型试验技术及应用[M]. 北京：石油工业出版社.
赵军龙，戴华林，王彦龙，等. 2008. 煤型气储层的测井评价技术[J]. 煤田地质与勘探，36(6)：24-28.
赵庆波，陈刚，李贵中. 2009. 中国煤层气富集高产规律、开采特点及勘探开发适用技术[J]. 天然气工业，29(9)：13-19.
赵群，郝守玲. 2005. 煤岩样的超声速度和衰减各向异性测试[J]. 石油地球物理勘探，40(6)：708-710.
赵师庆. 1991. 实用煤岩学[M]. 北京：地质出版社.
赵阳，刘震，谢启超，等. 2003. 镜质体反射率与砂岩孔隙度关系的研究与应用[J]. 中国海上油气(地质)，17(5)：303-306.
周师庸，赵俊国. 2005. 炼焦煤性质与高炉焦炭质量[M]. 北京：冶金工业出版社.
Aguilera M S，Aguilera R. 2003. Improved models for petrophysical analysis of dual porosity reservoirs[J]. Petrophysics，44(1)：21-35.
Aguilera R. 1976. Analysis of naturally fractured reservoirs from conventional well logs[J]. Journal of Petroleum Technology，28(7)：764-772.
Aki K，Richards P G. 1980. Quantitative Seismology：Theory and Methods[M]. San Francisco：W. H. Freeman and Co.
Ass'ad J M，Tatham R H，McDonald J A. 1992. A physical model study of microcrack-induced anisotropy [J]. Geophysics，57(12)：1562-1570.
Avseth P，Mukerji T，Mavko G. 2005. Quantitative Seismic Interpretation：Appling Rock Physics Tools to Reduce Interpretation Risk[M]. Cambridge：Cambridge University Press.
Batzle M，Wang Z. 1992. Seismic properties of pore fluids[J]. Geophysics，57(11)：1396-1408.
Berryman J G，Milton G W. 1991. Exact results for generalized Gassmann's equation in composite porous media with two constituents[J]. Geophysics，56(12)：1950-1960.
Berryman J G. 1980. Long-wavelength propagation in composite elastic media[J]. The Journal of Acoustical Society of America，68(6)：1809-1831.
Berryman J G. 1992. Single-scattering approximations for coefficients in Biot's equations of poroelasticity[J]. The Journal of Acoustical Society of America，91(2)：551-571.
Biot M A. 1956. Theory of propagation of elastic waves in a fluid-saturated porous solid. Ⅰ. Low-frequency range[J].

The Journal of the Acoustical Society of America，28(2)：168-178.

Biot M A. 1956. Theory of propagation of elastic waves in a fluid-saturated porous solid. Ⅱ. Higher frequency range [J]. The Journal of the Acoustical Society of America，28(2)：179-191.

Biot M A. 1962. Mechanics of deformation and acoustic propagation in porous media[J]. Journal of Applied Physics，33(4)：1482-1498.

Birch F. 1960. The velocity of compressional waves in rocks to 10kb：1. [J]. Journal of Geophysical Research，65(4)：1083-1102.

Boadu F K. 1997. Fractured rock mass characterization parameters and seismic properties：analytical studies[J]. Journal of Applied Geophysics，37(1)：1-19.

Budiansky B，O'Connell R J. 1976. Elastic moduli of a cracked solid[J]. International Journal of Solids and Structures，12(2)：81-97.

Castagna J P，Batzle M L，Eastwood R L. 1985. Relationships between compressional-wave and shear-wave velocities in clastic silicate rocks[J]. Geophysics，50(4)：571-581.

Cheadle S B，Brown R J，Lawton D C. 1992. 正交各向异性：多组分物理模型研究[A]//第60届SEG年会论文集[C]. 北京：石油工业出版，587-592.

Chen X P，Huo Q，Lin J，et al. 2013. The inverse correlations between methane content and elastic parameters of coal-bed methane reservoirs[J]. Geophysics，78(4)：D237-D248.

Chen X P，Huo Q，Lin J，et al. 2014. Theory of CBM AVO：Ⅰ. Characteristics of anomaly and why it is so[J]. Geophysics，79(2)：D56-D65.

Clarkson C R M，Bustin R M. 1997. Varition in permeability with lithotype and maceral composition of Cretaceous coals of the Canadian Cordillera[J]. International Journal of Coal Geology，33(2)：135-151.

Close J C. 1991. Nature fractures in bituminous coal gas reservoir[R]. Gas Research Institute Topical Report No · GRI 91：0337.

Connolly P. 1999. Elastic impedance[J]. The Leading Edge，18(4)：438-452.

Crampin S，McGonigle R，Bamford D. 1980. Estimating crack parameters from observations of P-wave velocity anisotropy[J]. Geophysics，45(3)：345-360.

Crampin S. 1978. Seismic-wave propagation through a cracked solid：polarization as a possible dilatancy diagnostic[J]. Geophysial Journal International，53(3)：467-496.

Crampin S. 1981. A review of wave motion in anisotropic and cracked elastic-media[J]. Wave Motion，3(4)：343-391.

Crampin S. 1985. Evaluation of anisotropy by shear-wave spilitting [J]. Geophysics，50(1)：142-152.

Dey A K，Rai C，Sondergeld C. 1999. Quantifying uncertainties in AVO forward modeling[C]. SEG Expanded Abstracts，77-80.

Dirgantara F，Batzle M L，Curtis J B. 2011. Maturity characterization and ultrasonic velocities of coals[C]. SEG Expanded Abstracts，2308-2312.

Domenico S N. 1984. Rock lithology and porosity determination from shear and compressional wave velocities[J]. Geophysics，49(8)：1188-1195.

Duxbury J. 1997. Prediction of coal pyrolysis yields by maceral seperation[J]. Journal of Analytical and Applied Pyrolysis，40-41：233-242.

Dvorkin J，Nolen-Hoeksema R，Nur A. 1994. The squirt-flow mechanism：macroscopic description[J]. Geophysics，59(3)：428-438.

Dvorkin J，Nur A. 1993. Dynamic poroelasticity：a unified model with the squirt and the Biot mechanisms[J]. Geophysics，58(4)：524-533.

Eshelby J D. 1957. The determination of the elastic field of an ellipsoidal inclusion，and related problems[J]. Proceeding of the Royal Society of Lodon. Series A，Mathematical and Physical Science，241(1226)：376-396.

Faust L Y. 1953. A velocity function including lithologic variation[J]. Geophysics，18(2)：271-288.

Gardner G H F，Gardner L W，Gregory A R. 1974. Formation velocity and density—the diagnostic basics for stratigraphic traps[J]. Geophysics，39(6)：770-780.

Gassmann F. 1951. Über die Elastizität poröser Medien[J]. Vier. der Natur. Gesellschaft Zürich，96：1-23.

Gilfillan A，Lester E，Cloke M，et al. 1999. The structure and reactivity of density separated coal fractions[J]. Fuel，78(14)：1639-1644.

Greenhalgh S A，Emerson D W. 1986. Elastic properties of coal measure rock from the Sydney Basin，New South Wales[J]. Exploration Geophysics，17(3)：157-163.

Han De-hua，Nur A，Morgan D. 1986. Effects of porosity and clay content on wave velocities in sandstones[J]. Geophysics，51(11)：2093-2107.

Hilterman F J. 2006. 地震振幅解释[M]. 孙夕平，赵良武译. 北京：石油工业出版社.

Hudson J A，Pointer T，Liu E. 2001. Effective medium theories for fluid saturated materials with aligned cracks[J]. Geophysical Prospecting，49(5)：509-522.

Hudson J A. 1981. Wave speeds and attenuation of elastic waves in material containing cracks [J]. Geophysial Journal International，64(1)：133-150.

Johnson J V，Tatham R H，McDonald J A. 1991. 裂缝引起横波各向异性的物理模拟[A]//第59届SEG年会论文集[C]. 北京：石油工业出版社，430-433.

Johnston D H，Toksöz M N. 1980. Ultrasonic P and S wave attenuation in dry and saturated rocks under pressure [J]. Journal of Geophysical Research：Solid Earth，85(B2)：925-936.

Kamel M H，Mabrouk W M，Bayoumi A I. 2002. Porosity estimation using a combination of Wyllie-Clemenceau equations in clean sand formation from acoustic logs[J]. Journal of Petroleum Science and Engineering，33(4)：241-251.

King M S. 1966. Wave velocities in rock as a function of changes in overburden pressure and pore fluid saturants[J]. Geophysics，31(1)：50-73.

Kuster G T，Toksöz M N. 1974. Velocity and attenuation of seismic waves in two-phase media[J]. Geophysics，39(5)：587-618.

Liu E，Hudson J A，Pointer T. 2000. Equivalent medium representation of fractured rock[J]. Journal of Geophysical Research，105(B2)：2981-3000.

Lwin M J. 2011. The effect of different gases on the ultrasonic response of coal[J]. Geophysics，76(5)：E155-E163.

Mallick S，Craft K L，Meister L J，et al. 1998. Determination of the principal directions of azimuthal anisotropy from P-wave seismic data[J]. Geophysics，63(2)：692-706.

Maultzsch S，Chapman M，Liu E，et al. 2003. Modelling frequency-dependent seismic anisotropy in fluid-saturated rock with aligned fractures：implication of fracture size estimation from anisotropic measurements[J]. Geophysical Prospecting，51(5)：381-392.

Mavko G，Mukerji T，Dvorkin J. 1998. The Rock Physics Handbook[M]. Cambridge：Cambridge University Press.

Megaritis A，Messenbock R C，Chatzakis I N，et al. 1999. High-pressure pyrolysis and CO_2-gasification of coal maceral concentrates：conversions and char combustion reactivities[J]. Fuel，78(8)：871-882.

Morcote A，Mavko G，Prasad M. 2010. Dynamic elastic properties of coal[J]. Geophysics，75(6)：E227-E234.

O'Connell R J，Budiansky B. 1974. Seismic velocities in dry and saturated cracked solids[J]. Journal of Geophysical Research，79(35)：5412-5426.

Parra J O. 1997. The transversely isotropic poroelastic wave equation including the Biot and the squirt mechanisms：theory and application[J]. Geophysics，62(1)：309-318.

Peng S P，Chen H J，Yang R Z，et al. 2006. Factors facilitating or limiting the use of AVO for coal-bed methane[J]. Geophysics，71(4)：C49-C56.

Pennington W D. 1997. Seismic petrophysics：an applied science for reservoir geophysics [J]. The Leading Edge，16(3)：241-246.

Raiga-Clemenceau J. 1988. Taking into account the conductivity contribution of shale laminations when evaluating closely interlaminated sand-shale hydrocarbon bearing reservoirs[C]. SPWLA 29th Annual Logging Symposium, Society of Petrophysicists and Well-Log Analysts.

Ramos A C B, Davis T L. 1997. 3-D AVO analysis and modeling applied to fracture detection in coalbed methane reservoirs[J]. Geophysics, 62(6): 1683-1695.

Schmoker J W, Gautier D L. 1988. Sandstone porosity as a function of thermal maturity[J]. Geology, 16(11): 1007-1010.

Smith G C, Gidlow P M. 1987. Weighted stacking for rock property estimation and detection of gas[J]. Geophysical Prospecting, 35(9): 993-1014.

Smyth M, Buckley M J. 1993. Statistical analysis of the microlithotype sequences in the Bulli Seam, Australia, and relevance to permeability for coal gas[J]. International Journal of Coal Geology, 22(3-4): 167-187.

Su X B, Feng Y L, Chen J F, et al. 2001. The characteristics and origins in coal from Western North China[J]. International Journal of Coal Geology, (47): 51-62.

Tatham R H, Matthews M D, Sekharan K K. 1989. 横波分裂和裂隙强度的一种物理模型研究[A]//第57届SEG年会论文集[C]. 北京：石油工业出版社，249-252.

Thomsen L. 1986. Weak elastic anisotropy[J]. Geophysics, 51(10): 1954-1966.

Timur A. 1977. Temperature dependence of compressional and shear wave velocities in rocks[J]. Geophysics, 42(5): 950-956.

Toksöz M N, Johnston D H, Timur A. 1979. Attenuation of seismic waves in dry and saturated rocks: I. Laboratory measurements [J]. Geophysics, 44(4): 681-690.

Tsvankin I. 1997. Anisotropic parameters and P-wave velocity for orthorhombic media[J]. Geophysics, 62(4): 1292-1309.

Vernik L, Nur A. 1992. Ultrasonic velocity and anisotropy of hydrocarbon source rocks[J]. Geophysics, 57(5): 727-735.

Wang H, Pan J, Wang S, et al. 2015. Relationship between macro-fracture density, p-wave velocity, and permeability of coal[J]. Journal of Applied Geophysics, 117: 111-117.

Wang Z, Nur A. 1990. Wave velocities in hydrocarbon-saturated rocks: experimental results[J]. Geophysics, 55(6): 723-733.

Wang Z. 2000. Velocity-density relationships in sedimentary rocks[J]. Seismic and Acoustic Velocities in Reservoir Rocks, 3: 258-268.

Wang Z. 2001. Fundamental of seismic rock physics[J]. Geophysics, 66(2): 398-412.

Wang Z. 2002. Seismic anisotropy in sedimentary rocks, Parts I and II[J]. Geophysics, 67(5): 1415-1440.

White A, Davies M R, Jones S D. 1989. Reactivity and characterization of coal maceral concentrates[J]. Fuel, 68(4): 511-519.

White J E. 1965. Seismic Waves[M]. New York: McGraw-hill Book Co. Inc.

Winkler K W, Murphy W F. 1995. Rock Physics and Phase Relations: a Handbook of Physical Constants[M]. Washington, DC: American Geophysical Union.

Wu H, Dong S, Li D, et al. 2015. Experimental study on dynamic elastic parameters of coal samples[J]. International Journal of Mining Science and Technology, 25(3): 447-452.

Wu T T. 1966. The effect of inclusion shape on the elastic moduli of a two-phase material[J]. International Journal of Solids and Structures, 2(1): 1-8.

Wyllie M R J, Gregory A R, Gardner L W. 1956. Elastic wave velocities in heterogeneous and porous media[J]. Geophysics, 21(1): 41-70.

Wyllie M R J, Gregory A R, Gardner L W. 1958. An experimental investigation of factors affecting elastic wave velocities in porous media[J]. Geophysics, 23(3): 459-493.

Yao Q，Han D. 2008. Acoustic properties of coal from lab measurement[J]. SEG Expanded Abstracts，27(1)：1815-1819.

Yu G，Vozoff K，Durney D W. 1993. The influence of confining pressure and water saturation on dynamic elastic properties of some Permian coals[J]. Geophysics，58(1)：30-38.

Zemanek Jr J，Rudnick I. 1961. Attenuation and dispersion of elastic waves in a cylindrical bar[J]. The Journal of the Acoustical Society of America，33(10)：1283-1288.